# 따뜻한 식사

2쇄 찍음 2020년 11월 30일
2쇄 펴냄 2020년 11월 30일
지은이 강하라, 심채윤·
디자인 Studio KIO
표지 일러스트 손은경
펴낸곳 껴안음
펴낸이 강하라, 심채윤
인쇄 및 제책 3P
출판등록 2020년 1월 17일
신고번호 제2020-000005호
주소 서울시 용산구 한남대로27가길 32
전자우편 kkyeanumm@gmail.com
ISBN 979-11-970109-0-3

본 책의 내지는 재생지를 사용하였습니다.

강하라 　　　　따뜻한 식사　　　　 심채윤

*kkyeanumm*

맞은편에 앉아　　　　　　　함께 먹고 싶습니다.

특별히 먹는다

# 콩국수

계절에 맞는 음식을 먹다 보니 음식 때문에 그 계절을 기다리는 것인지 계절이 바뀌어서 좋은 것인지 헷갈린다. 콩국수를 마음껏 먹을 수 있는 계절이 되었다는 것은 더위가 무르익었다는 뜻이다. 무더운 여름을 건강하게 보낼 수 있는 우리의 특식이다. 채윤

조상들은 무더운 여름날 콩국수를 먹었다. 콩을 물에 불리고, 삶고, 갈아서 국수를 넣어 먹는다. 조선 후기의 학자 성호 이익 선생이 쓴 <성호사설>에 콩은 서민의 음식이라 칭했다. 가난한 백성이 얻어먹고 목숨을 잇는 것은 오직 콩뿐이라고 하였다. 먹을거리가 부족했던 시절, 콩은 서민들에게 귀한 곡식이었을 것이다. 조상들은 콩으로 죽을 끓이고, 싹을 내어 콩나물로 배를 채우기도 했다. 이후 오랫동안 콩은 동물성 단백질의 신화로 평가절하 되었는데, 최근 전 세계에 열풍을 일으킨 대체 고기를 콩으로 만들면서, 콩의 영양 가치에 대한 인식이 다시 부각되고 있다.

콩국수는 콩으로 국물을 만드는 국수인데도 우유를 섞는 식당들이 많다. 우유를 섞으면 국물 색을 뽀얗고 진하게 낼 수 있고 재료비도 절감되기 때문이다. 집에서 콩국수 만드는 것은 생각보다 어렵지 않다. 외식 가격보다 횟수와 양에 비해서 비용도 저렴하다. 외식비용은 집 밥의 경제성에 결코 따라올 수 없다. 검은콩, 노란콩, 렌틸콩 등 좋아하는 콩으로 다양하게 활용해 보자. 콩국수의 콩은 다양한 콩을 활용해도 된다.

콩은 하룻밤 물에 담가 불린다. 여름에는 냉장보관으로 불리고, 그 외 계절에는 실온에서 불릴 수 있다. 콩을 삶을 때는 끓어오르면 바로 불을 끄는 것이 중요하다. 여열로 익히

고 오래 삶지 않아야 콩에서 냄새가 나지 않는다. 콩물에 색을 입히고 싶다면 삶은 콩을 갈아줄 때 비트, 시금치, 스피룰리나, 울금가루 등을 넣으면 된다. 들깨나 검은깨를 함께 갈면 고소한 맛이 진해진다. 착즙기로 콩을 갈면 찌꺼기가 나오는데 김치를 넣고 비지찌개로 활용하거나 강된장을 만들 때 넣어도 좋다. 착즙기가 없으면 블렌더로 갈고 잠시 기다렸다가 윗물만 따라서 국물로 쓰고, 같은 방법으로 가라앉은 콩물 입자를 국이나 찌개, 커리에 활용하면 된다. 이 모든 과정을 생략하고 첨가물이 없는 시판 콩물로 만들어도 충분히 맛있다. 콩물도 없고 콩도 준비되지 않았을 때 두부가 있다면 두부를 갈아 콩물을 만들 수도 있다. 전통적인 방식은 아니지만 콩물에 고소한 풍미를 더하기 위해 참깨 페이스트나 견과 버터를 약간 넣어도 맛있다. 땅콩버터는 향이 진하니 정말 좋아한다면 아주 조금만 넣자.

1. 불린 콩을 삶는다. 끓어오르면 불을 끄고 뚜껑을 덮어 남은 열로 익힌다.
2. 블렌더나 착즙기에 물과 함께 갈아준다. 물의 양은 콩이 잘 갈릴 정도면 충분한데
   이후 물을 섞어 콩물을 완성한다.
3. 국수가 끓는 동안 채소를 준비한다. 현미면, 메밀면, 밀면, 곤약면, 해조면을
   선택할 수 있다. 토마토, 오이, 채 썬 콜라비, 파프리카 등 자유롭게 곁들이자.
4. 물과 콩물을 더해 농도를 맞추고 소금으로 간한다.

메밀면 콩국수와 호박잎 만두

익힌 단호박을 콩물과 함께 갈면
아이들도 콩국수를 잘 먹는다.

# 스프링 롤과 다양한 소스

채소를 여러 가지로 재밌게 먹을 수 있는 스프링롤은 아이들에게 직접 만들 수 있는 기회를 주면 좋다. 준비하는 소스에 따라 다양한 맛을 낼 수 있고 아이들도 채소를 친근하게 먹을 수 있는 방법이다. 마른 쌀전병을 준비해서 삶은 콩이나 템페, 찐 감자, 두부, 밥 등 포만감 있는 재료와 함께 여러 채소들을 곁들여서 좋아하는 조합으로 먹을 수 있다. 소스는 허브 페스토, 땅콩이나 캐슈를 넣은 고소한 소스, 새콤달콤한 칠리소스, 토마토소스, 레몬식초 등 어떤 소스와도 함께 먹을 수 있다. 국수를 끓이다가 면이 많으면 덜어서 냉장 보관했다가 전통적인 아시안 스프링롤처럼 속을 채워도 좋다. 마른 쌀전병은 글루텐이 없는 만두피로 활용할 수도 있다. 우리는 잘게 다진 부추와 버섯, 으깬 두부 등을 넣고 간장으로 간을 해서 속을 만든 후 쌀전병에 싸서 만두처럼 먹기도 하는데 구워서 떡볶이와 먹어도 아이들이 좋아한다. 쌀전병 만두를 만든 후 살짝 마르면 굽기에 좋다. 스프링롤은 여러 재료를 준비해야 하는 번거로운 요리라는 생각에서 벗어나면 한두 가지 재료의 조합으로 재밌고 맛있는 식사시간을 만들 수 있다. 제철의 아스파라거스와 오이를 함께 넣어 땅콩소스에 곁들여 먹어도 좋고, 먹다 남은 나물에 버섯을 큼직하게 굽거나 네쳐서 함께 싸 먹어도 맛있다.

삶은 병아리콩과 템페, 생채소를 넣은 스프링롤.
바람 든 래디시도 재밌고 예쁘다.

1. 먹고 싶은 재료를 손가락 길이가 넘지 않는 크기로 준비한다. 상상력을 발휘해서 냉장고의 모든 재료가 스프링롤이 될 수 있는 기회를 주자. 김치와 두부도 좋다!

2. 월남쌈용 쌀전병과 따뜻한 물을 준비한다.

3. 쌀전병은 물 온도가 높거나 물에 오래 담그면 금방 부드러워져서 스프링롤을 만들기가 어렵다. 조금 뻣뻣하다 싶은 정도에서 속을 넣고 감싸준다. 몇 번 해보면 어느 정도 물에 담갔다가 빼야 하는지 감을 잡을 수 있다.

4. 식탁에서 바로 만들어 먹을 수 있도록 준비한다면 개인 앞접시와 물이 담긴 넓은 대접을 사람 수만큼 준비하면 된다.

사람도 모두 다르듯이 채소,
과일도 모두 다르다는 것은 우리가 잊고 사는 것 중 하나.

하라님...! 저희가 오늘에서야 래디쉬에 바람 든 것을
보냈다는 걸 확인했습니다.. 먹는 데 지장은 없어도
비품인데요.. 정말 죄송합니다. 앞으로 꼭 채소가
시들거나 상태가 좋지 않은 것 같다면
번거로우시더라도 꼭 한번만 연락 부탁드릴게요...!
날이 점점 더워지니 배송이 걱정이 되네요🏃 오늘
채소박스 배송했어요! 내일 도착할 것 같습니다🖤

MMS
오후 7:43

어머 괜찮아요. 속이 그런 아이들도 있죠. 겉으로 알
수 없는데 그런거 저는 괜찮으니 마음 쓰지 않으셔도
괜찮아요. 스프링롤 사진 보셔서 마음 불편하신거죠.
저희 즐겁게 먹고 저또한 그런거 신경 안써요.
못난이 이쁜이 모두 제각각 예쁘고 감사히 먹고
있어요. 잘 먹겠습니다. 🖤

MMS
오후 7:49

농부님 인연 덕분에 식탁에 다채로운 즐거움이
생겼어요. :)

오후 7:50

앗 하라님...! 이런 문자라니 너무나 감동이고
감사합니다🙇‍♀️ 그래도 꼭 알려주세요! 잘 키운
아이들 잘 보내드리고 싶어요🖤 매번 넘치는
감사문자에 감사한 날들을 보냅니다🖤

MMS
오후 7:54

하라님! 오늘 택배를 보내었는데요!
기다리던 시원한 장마비였지만, 홍성에 제법 많이
비가 내린 탓에 노지와 시설 모두 채소들이 물을
너무 많이 먹었어요. 맛없기 어려운 초당옥수수도
이제 맛이 들었던 토마토도 싱겁고 물 맛이 많이
나네요ㅠ 미리 양해 부탁드리겠습니다. 그래도
무더위와 거센 장마비를 굳세게 버텨낸 대견한
채소들이니 부디 이쁘게 여겨주세여ㅠㅠ

*14*

### 기본 참깨 페이스트

참깨 페이스트는 첨가물 없는 시판 제품도 있다. 일본에서도, 중국에서도, 중동지역에서도 참깨 소스를 많이 쓰기 때문에 수입 식품 코너에서 구입할 수 있다. 일본식으로는 '네리 고마'나 '아타리 고마'라고 부르는데 도토리묵처럼 참깨묵을 만들어 간장소스에 먹기도 한다. 중동에서는 '타히니'라고 부르는데 후무스에 주로 넣고 피타 빵과 먹는다. 중국에서는 '지마장'이라 부르는데 국물요리에 넣기도 하고 냉채 소스로 쓰기도 한다. 지마장은 참깨에 땅콩을 섞어 만드는 제품이 많다. 이처럼 시판 제품이 다양하고 대체적으로 첨가물이 없어서 사서 쓰는 것이 편하지만 집에 참깨가 많다면 만들어 봐도 좋다. 참깨를 팬에 넣고 약불로 천천히 볶는다. 참깨가 살짝 부풀고 색이 진해지면 절구에 넣고 걸쭉해질 때까지 갈아준다.

### 일본풍의 참깨 타래

참깨 타래는 여러 가지 견과류를 이용해서 같은 방법으로 소스를 만들 수 있다. 참깨를 대신해서 땅콩이나 캐슈, 피칸이나 잣 등으로 만들어도 된다. 타래 소스는 데치거나 쪄낸 껍질콩이나 아스파라거스 등 식감이 도톰한 모든 채소와 잘 어울린다. 배추, 가지, 애호박, 당근, 연근과 우엉, 삶은 콩에도 곁들여보자. 참깨 페이스트 만드는 과정이 번거롭다면 시판 참깨 페이스트를 구입해서 사용하면 된다. 끓여서 알코올을 날린 청주, 간장, 다시마 물, 참깨 페이스트를 준비한다. 다시마 물 반 컵 기준에 청주는 한 큰 술 정도 넣고 참깨 페이스트와 간장은 입맛에 맞게 맛을 보며 가감한다. 단맛을 좋아한다면 설탕이나 조청을 약간 넣으면 고소한 풍미가 올라간다. 재료를 모두 넣고 잘 섞어준다.

### 타래를 활용한 다양한 소스

위와 같이 만든 참깨나 견과 타래에 현미식초를 더하면 일본 음식과 어울리는 소스로, 참기름과 생강 즙을 더하면 중화풍으로, 과일이나 와인식초에 소금, 후추를 더하면 서양식 소스로, 후무스와 커민, 석류농축액 등을 더하면 중동식 소스로 잘 어울린다.

### 채소랩을 위한 땅콩 소스

우리는 주로 녹즙용 커다란 케일 잎에 여러 채소를 넣어 이 소스를 함께 먹는다. 첨가물이 없고 볶지 않은 생 땅콩버터나 아몬드 버터에 마늘과 생강 조금씩, 라임즙, 메이플 시럽 약간을 넣고 잘 섞어 준다. 당을 제한한다면 메이플 시럽 대신 순수 스테비아를 넣자. 마늘과 생강을 곱게 다지는 것이 아니라면 덩어리째 넣고 작은 블렌더에 갈면 편하다. 간은 소금이나 간장 중 선택하면 되는데 간장이 좀 더 잘 어울린다. 매운맛을 더하고 싶다면 치폴레 가루를 조금 넣거나 고춧가루도 좋다. 블렌더에 갈 때 물을 더해가면서 적당한 농도를 맞춘다. 오이를 길게 잘라 소스를 바르고 케일에 돌돌 말아 먹어도 맛있다.

### 칠리소스

칠리소스의 달콤한 정도는 설탕이나 조청으로, 새콤한 정도는 식초로, 간은 소금으로 조절한다. 붉은 고추와 설탕 혹은 조청, 식초, 소금을 입맛에 맞게 넣어 작은 블렌더에 갈아 주면 되는데 바로 먹는다면 끓이지 않아도 되고 재료를 모두 섞어 한번 끓이면 일주일 정도 냉장고에 보관할 수 있다. 여기에 레몬즙이나 라임즙, 간 생강, 잘게 썬 실파, 알코올을 날린 청주 등을 가감해서 넣으면 여러 요리에 곁들일 수 있는 풍미가 좋은 칠리소스가 된다. 아시안 요리에 곁들인다면 참기름이나 들기름을 더하고, 서양요리에 곁들인다면 올리브 오일을 더해도 좋다. 알코올을 날린 청주(청주를 끓이면 된다.)는 소스나 요리에 감칠맛을 더해주는 작용을 하는데 청주를 대신해서 화이트 와인을 사용해도 좋다. 이렇게 조금 신경 써서 칠리소스를 만들고 단맛을 더 내면 튀김 요리의 양념으로도 훌륭하다. 물기를 뺀 두부나 가지, 표고버섯을 튀겨서 중화풍의 요리로 응용할 수 있다.

## 폰즈

유자나 라임, 레몬, 귤 등의 즙과 동량의 간장, 간장 양보다 조금 적은 양의 향이 없는 식초(현미 식초). 알코올을 날린 청주나 와인은 간장의 1/4 정도, 다시마 조각 약간을 준비해서 모든 재료를 용기에 담아 반나절 정도 두면 맛이 잘 어우러진다. 냉장보관으로 한 달 정도 사용할 수 있다. 미리 시간을 들여서 이렇게 만들면 깊은 맛이 나는 감귤류 간장을 만들 수 있는데 이 과정이 번거롭다면 같은 비율로 바로 섞어 상큼한 간장을 만들 수 있다. 이때 간 조절은 물을 더해서 맞추면 된다. 감귤류를 선택할 때 레몬이나 라임 등 산미가 강한 재료를 이용한다면 식초 양을 조금 줄여야 한다. 넉넉한 양을 한 번에 만들어도 좋지만 숙성 없이 바로 만들어 먹어도 채소 찜이나 튀김요리에 잘 어울린다. 이렇게 만든 기본 폰즈 간장에는 기름에 볶은 다진 마늘, 땅콩버터, 칠리소스 등을 각각 혹은 다 함께 섞어도 좋은데 모든 재료를 다 섞은 마늘 폰즈는 일식 요리에서 즐겨 쓰이기도 한다. 아삭한 양상추와 오이를 곁들인 샐러드에 끼얹어 먹어도 훌륭하다. 잘게 썬 토마토와 양파, 생강을 다져서 함께 섞으면 기름에 굽거나 튀긴 모든 요리에 훌륭하게 어울린다. 애호박이나 가지, 배추를 구워서 얹어 내도 좋다. 팬에 오일만 둘러 구운 배추를 레몬 간장에 찍어 먹어도 맛있다.

## 유자 된장 소스

유자 대신 제철의 감귤류를 활용할 수 있다. 껍질을 함께 활용하면 풍미가 좋아지기 때문에 유기농 레몬이나 유기농 유자, 유기농 귤 등을 사용하자. 1개 분량의 유자즙과 채친 유자껍질에 된장은 짠 정도에 따라 차이가 있지만 대략 1 큰술 내외가 알맞다. 된장은 반 스푼을 먼저 넣고 재료를 모두 섞은 후 맛을 본 뒤 남은 양을 얼마나 넣을지 결정한다. 식초, 간장, 된장은 동일한 양으로 1:1:1 비율로 넣고 설탕이나 조청을 풀어서 단맛 정도를 맞춘 후 좋은 지방군에 속하는 코코넛 MCT 오일이나 견과 오일처럼 향이 강하지 않은 오일을 섞어 완성한다. 유자껍질이 씹히는 것이 싫다면 생략하거나 짜낸 즙과 함께 갈아서 사용해도 된다. 유자 된장 소스는 넉넉하게 만들어서 파스타를 삶아 버무려 먹어도 잘 어울린다. 시금치나 깻잎, 공심채 등을 함께 익혀 파스타에 넣어도 좋다. 두부구이에도 이 소스는 잘 어울리고 템페 구이와도 좋은 음식 궁합이다. 배추와 무를 쪄서 함께 먹어도 겨울철의 좋은 요리가 된다.

## 차지키 *Tzatziki*

차지키는 요거트에 마늘과 오이, 허브 등을 넣어 빵과 함께 먹는 그리스 전통 음식 중 하나인데 인도에서는 요거트 드레싱을 넣은 샐러드를 라이따 Raita라고 부른다. 소이 요거트가 있다면 간편하게 만들 수 있는데 요거트 없이 캐슈로 차지키를 만들 수도 있다. 4시간 이상 물에 불린 캐슈와 물에 불린 잣 약간, 레몬즙, 엑스트라 버진 올리브 오일, 소금을 블렌더에 곱게 갈아준다. 약간의 물을 더하면서 걸쭉하고 부드러운 농도를 맞추면 된다. 오이는 잘게 썰어 미리 30분 정도 소금을 뿌려 수분을 약간 빼주고 딜은 곱게 썰어 준비한다. 입맛에 따라 양파를 잘게 썰어 섞어도 잘 어울린다. 곱게 간 재료와 오이, 딜, 양파를 잘 섞어 냉장고에서 하룻밤이나 반나절 보관 후 먹는다. 새콤한 맛의 차지키는 신선한 라임과 레몬즙이 넉넉하게 들어가면 훨씬 맛이 좋다. 만약 소이 요거트가 있다면 요거트에 오이, 딜, 약간의 양파, 레몬이나 라임즙, 소금과 후추, 올리브 오일을 섞어 바로 먹을 수 있다. 차지키는 시원하게 먹을수록 맛있다. 한 여름에 찐 감자나 빵, 차갑고 아삭하게 보관한 양상추나 엔다이브, 얇게 저민 생호박에도 얹어 먹을 수 있다. 신선한 감자가 있다면 생으로 얇게 저며 차지키를 얹어도 잘 어울린다.

# 호박 보트

아이들은 특별히 이런 음식을 좋아한다. 보트라는 말 자체 만으로도 즐거워진다. 여름날 보트를 타고 계곡에서 신나게 놀았던 추억을 되새긴다. 요리는 단순히 먹는 것이 아니라 즐거운 추억과 낭만, 향수를 함께 나누는 기쁨이다. 채윤

기본 재료와 토마토소스로 애호박 보트를 만들어보자. 이 요리는 장 크리스티앙 *Jean Christian* 셰프의 레시피를 응용했 다. 특별한 날 근사한 음식이 될 수 있는데 보기보다 준비과 정은 간단하다. 빵이나 밥과 곁들여도 좋고, 파스타면을 삶 아서 소금과 오일로 버무린 후 함께 먹어도 좋다. 사람 수만 큼 보트를 준비하자. 여름철 노란 호박은 농부님들께 어렵 지 않게 구할 수 있다. 신선한 상태로 냉장고에서 꽤 오래 유 지되니 넉넉하게 구입해서 보트도 만들고, 볶아서, 구워서, 쪄서, 전으로, 찌개에, 생으로 얇게 썰어 샐러드로 다양하게 활용해보자.

1. 애호박이나 주키니라 불리는 돼지 호박을 긴 면으로 반등분 하고 숟가락으로
   속을 파낸다.
2. 자른 호박 보트를 찜기에 찌거나 200도 오븐에 15~20분간 익힌다. 오븐에 따라
   시간과 온도 차이가 있다.
3. 기본 토마토소스나 홀 토마토 캔과 양파, 파낸 호박의 속, 잘게 썬 토마토, 버섯
   등을 넣고 볶는다. 소금, 후추로 간한다.
4. 호박 보트에 익힌 속 재료를 얹고 이탈리안 파슬리나 허브를 얹어 낸다.

## 호박 보트에 곁들여도 좋은 구운 감자 뇨끼

뇨끼는 정교한 파스타를 만드는 전문 기구가 필요치 않아서 집에서도 만들어 볼 수 있는 요리다. 시간이 넉넉하다면 호박 보트와 함께 도전해봐도 좋고 다양한 소스와 곁들여 파스타처럼 먹어도 된다. 뇨끼는 익혀서 소스에 바로 먹는 것보다 한 번 더 구우면 맛이 좋은데 구운 뇨끼는 특별한 소스 없이 구운 버섯이나 샐러드에 곁들여 레몬즙과 후추만 뿌려 먹어도 잘 어울린다. 감자를 껍질째 푹 삶은 후 수분이 날아가도록 한 김 식힌 뒤 곱게 으깬다. 포슬포슬한 감자 맛을 잘 살리기 위해 수분을 날린 후 으깨는 것이 좋다. 밀가루에 소금, 넛맥, 타피오카 가루, 물을 넣고 매끄러워질 때까지 잘 섞는다. 감자와 밀가루의 양은 감자가 3일 때 밀가루를 1정도 넣는다. 타피오카 가루는 달걀을 대신해서 넣는데 찹쌀가루를 대신 활용해도 괜찮다. 밀가루 양과 비슷하게 혹은 조금 적게 넣으면 달걀을 넣지 않아도 적당한 찰기가 생긴다. 넛맥 가루는 향신료로 약간만 넣으면 좋은데 없다면 생략해도 된다. 감자와 허브 딜은 잘 어울리는 궁합이라 뇨끼 반죽에 약간의 딜을 다져 넣어도 좋고 구운 뇨끼에 생으로 곁들여도 좋다. 반죽이 완성되면 좋아하는 모양으로 빚는다. 길쭉하게 만든 후 잘라서 포크로 모양을 내기도 한다. 끓는 소금물에 뇨끼를 삶고 떠오르면 얼음물에 담가 식힌다. 물기를 빼고 오일에 버무려 중간 불 세기에서 구워준다. 속이 익었기 때문에 겉만 먹음직스러운 색이 나오도록 구우면 된다. 밀가루 대신 현미가루를 사용하면 좀 더 거칠지만 고소한 뇨끼를 만들 수 있다.

## 케토 식사를 위한 코코넛 아보카도 뇨끼

위의 감자 뇨끼와 같은 방법으로 만들되 감자와 밀가루를 아보카도와 코코넛 가루로 바꾼다. 으깬 아보카도와 코코넛 가루를 섞고 넛맥, 타피오카 가루와 소금, 후추로 간해서 반죽한다. 코코넛 가루의 향을 좋아하지 않는다면 아몬드 가루나 그린 바나나 가루를 활용해도 된다. 모든 재료 중 반드시 익혀야 할 재료가 없기 때문에 끓는 물에 살짝만 데치듯 익히거나 이 과정을 생략하고 바로 팬에 굽는다.

**채새롬 농부님의**
**주키니 호박, 당근**
경기 안성
010.4579.5468

6월이 시작되면 노란 주키니 호박을 만날 수 있다. 아름다운 농부님이 운영하는 다채롬 농장에서 호박을 주문한다. 마음도 이름도 다 예쁜 채새롬 농부님은 노지재배, 무농약, 무화학 비료로 채소를 키운다. 처음 당근을 주문했을 때 손글씨로 편지를 넣어주셔서 감동을 받았다. 성인이 된 후 줄곧 마트 장 보기만 익숙했던 우리에게 새로운 경험과 따뜻한 정을 주셨다. 자색 당근이 안 나오는 해도 있으니 미리 확인해야 한다.

**채새롬 농부님에게 받았던 당근과 손 편지.**
**채소를 주문하면서 이렇게 정성스러운 손글씨 편지를 받아보기는 처음이었다.**

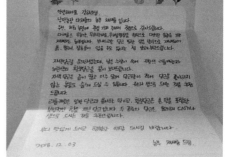

23

농부님들의 값진 수고에 합당한 가격을 지불하고
감사히 먹고 싶다.

2018년 12월 4일 화요일

농부님 안녕하세요. 얼굴도 못뵙고 이렇게 귀한
당근을 편하게 받을 수 있어서 얼마나 감사한지요.
예쁜 손편지까지 주셔서 놀랐습니다. 정말 감사해요.
이렇게 당근을 많이 주셨는데 너무 가격을 저렴하게
주신것 같아서 받고보니 송구합니다. 귀한 아이들
감사히 잘 먹겠습니다. 다시 한번 감사드려요.

MMS
오후 3:30

아닙니다! 연락주신 것은 목요일인데, 제가 늦게
보내드리기도 했고, 문의주신 자색당근도 수량이
적어서 저렴히 드리긴 했어요. 제가 죄송한 맘에
그렇게 드리고 싶어서 드린것이니 송구스러워 하실
필요없어요 :) 마음에 드신 것 같아 다행입니다. 부디
맛있게드시고 행복한 연말 되셔용♡

MMS
오후 3:38

# 팔라펠

파리에는 맛있는 음식이 많다. 하지만 그중에서 가장 먹고 싶은 음식은 파리에 갈 때마다 즐겨 먹었던 마레 지구의 팔라펠이다. 이스라엘 전통 음식인 팔라펠을 피타 빵에 양배추 샐러드와 함께 싸서 먹는다. 여러 곳에서 팔라펠을 먹어보았지만 마레 지구에서 먹었던 팔라펠만 못하다. 여러 번 방문했는데 워낙 유명한 곳이라서 줄을 서야 하는 경우가 많다. 입구에서 순번을 정해주는 청년과 밝게 웃으면서 인사만 해도 그들과 친구가 된다. 설레는 마음으로 기다리다 보면 시간은 금방 지나가고 자리가 난다. 팔라펠 생각을 하니 군침이 돈다. 장난기 많고 밝은 분위기로 매장을 운영하는 이스라엘 총각들이 그립다. 채윤

팔라펠의 기본 반죽 재료는 삶은 콩이다. 병아리콩을 주로 사용하는데 병아리콩과 함께 다른 콩을 섞어도 괜찮다. 콩을 삶아서 으깨고 여러 재료를 더할 수 있는데 삶은 감자를 넣으면 크로켓 느낌으로 먹을 수 있고 허브를 다져 넣으면 풍미가 좋아진다. 볶은 당근이나 양파를 넣기도 한다. 가장 기본적인 팔라펠에는 가루와 삶은 콩, 커민 등이 들어가는데 가루는 밀가루 대신 현미가루를 넣어도 좋다. 토마토소스를 팔라펠 반죽에 넣으면 산뜻하게 먹을 수 있고 커민의 향이 싫다면 커리 가루를 넣어도 괜찮다. 감자 전분이나 타피오카 전분을 넣으면 튀기거나 구울 때 반죽이 서로 잘 뭉쳐서 모양이 흐트러지지 않는다.

팔라펠 반죽을 작은 포도알 모양으로 빚어서 토마토소스에 넣고 끓여 파스타와 함께 먹어도 좋다. 넓적하게 만들어 팬에 구워서 스테이크나 버거에 활용해도 맛있다. 우리 집에서는 팔라펠 반죽을 납작하게 구운 후 캐슈 크림소스를 끼얹어 먹으면 모두가 신나한다. 냉장고에 만들어둔 소이 요

거트가 있다면 머스터드를 조금 섞어 찍어 먹기도 한다. 팔라펠은 식어도 맛있고 간식으로도 좋다. 도시락 찬으로도 훌륭하며 약간의 샐러드와 함께 곁들이면 훌륭한 메인 요리가 된다.

팬에 구울 때는 납작하게, 튀길 때는 동그랗게 모양을 만든다.

1. 삶은 병아리콩이나 밤콩, 마늘 한두 쪽을 넣고 콩 삶은 물을 더해 걸쭉하게 갈아준다.

2. 밀가루나 현미가루, 커민, 소금, 후추를 넣어 점도를 맞추고 팔라펠이 잘 뭉치도록 감자 전분이나 타피오카 전분을 섞는다. 모양을 빚을 때 반죽이 손에 들러붙지 않을 정도의 점도가 적당하다

3. 이 반죽에 취향에 따라 다진 허브, 훈제 파프리카 가루, 수막 가루, 양파나 마늘 가루를 넣어도 좋다.

4. 기름을 두른 팬에 굽거나 튀긴다.

27

## 후무스

만드는 법도 재료도 다양한 후무스는 집에서 좋은 재료로 넉넉하게 만들어 즐길 수 있다. 우리가 완제품을 사서 먹는 것에 만족하지 못했던 음식 중 하나가 후무스다. 가격에 비해 양이 너무 적기 때문이다. 병아리콩을 하룻밤 불린 후 푹 익힌다. 냄비에서는 1~2시간이 걸리고 밥통의 찜기능을 활용하면 30~40분 정도면 부드럽게 익는다. 레몬즙, 마늘, 소금, 삶은 병아리콩을 넣고 블렌더에 부드럽게 갈아주는데 병아리콩 삶은 물을 조금씩 더해서 농도를 맞추면 된다. 후무스에 레몬즙을 넣으면 사람에 따라 콩이 상했을 때의 시큼한 맛이 난다고 느낄 수도 있기 때문에 레몬즙은 입맛에 따라 넣거나 생략하면 된다. 후무스 맛을 진하게 만들고 싶으면 콩 삶은 물 대신 올리브 오일을 넣어 갈고 담백한 맛의 후무스를 좋아한다면 콩 삶은 물을 넣고 갈아준다. 여기에 나는 커민과 치폴레, 훈제 파프리카와 수막을 조금씩 넣는다. 중동의 이국적인 맛이 한입에 가득해지는 후무스가 탄생한다. 후무스에 구운 비트를 넣으면 색이 곱고 달콤한 맛이 진해진다. 중동에서는 주로 비트 후무스를 만들 때 석류농축액을 함께 넣는다. 비트의 흙 풍미가 석류농축액으로 인해 감춰지고 더욱 감칠맛이 올라간다. 후무스 위에 올리브 오일을 넉넉하게 두르고 수막을 뿌리면 근사하다.

## 수막

수막은 옻나무 열매 씨로 만든 향신료다. Sumac이라고 찾으면 아이허브나 향신료 판매처에서 구입할 수 있다. 레몬과 크랜베리 맛의 새콤하고 진한 향미가 있는데 중동 지역에서는 즐겨 사용하는 향신료다. 나는 후무스나 수프, 팔라펠 등에 수막을 즐겨 사용하고 완성된 캐슈 크림소스 파스타 위에 뿌려 내기도 하고 샐러드에 뿌리기도 한다. 가지나 병아리콩, 렌틸콩, 양파나 견과, 요거트와도 잘 어울린다. 머스터드가 들어간 드레싱과 샐러드를 조합할 때 수막을 넉넉하게 뿌리면 맛이 좋다.

# 스무디 보울

한겨울에 하와이에 갈 수 있는 행운이 있었다. 비행기에서 내려 숙소에 짐을 풀고 시차 적응이 되지 않은 몽롱한 기분으로 근처 카페에서 '아사이 스무디 보울'을 먹었다. 식사로도 손색이 없던 그 스무디 보울은 아직까지 기억에 남는다. 맛 좋은 과일, 고소한 견과류, 달콤한 메이플 시럽, 새콤달콤한 스무디를 누가 싫어하겠는가. 채윤

스무디 보울은 서양에서 즐겨 먹는 식사다. 과일과 채소로 다양한 색과 맛을 낼 수 있고 영양과 포만감도 좋다. 마시는 스무디를 좀 더 되직하게 만들면 스무디 보울이 된다. 스무디 보울의 걸쭉한 질감은 바나나를 활용하는데, 여름에는 냉동 바나나를 활용하면 시원하게 먹을 수 있다. 바나나와 액체를 섞어 점도를 조절하면서 블렌더에 갈아 스무디 베이스를 준비한다. 당을 제한하는 케토 식사에서도 스무디 보울은 빼놓을 수 없는 요리다. 코코넛 크림, 코코넛 밀크, 코코넛 가루, 치아시드나 가루 형태, 햄프 프로테인 등을 바나나 대신 넣어 걸쭉한 질감을 만들 수 있다. 특히나 코코넛 가루와 치아시드 가루는 액체를 금방 흡수하기 때문에 액체를 넣어가며 농도를 맞추기 쉽다.

액체는 물, 코코넛 워터나 코코넛 밀크, 여러 식물 음료(아몬드, 캐슈, 오트, 두유 등)를 사용한다. 말차 가루, 아사이 가루, 스피룰리나 등을 넣어 맛과 색을 낼 수 있고, 케일이나 시금치를 넣기도 한다. 과일과 채소를 자유롭게 넣을 수 있고 마시는 스무디보다 되직하게 만들어 그릇에 담아 먹는 것이 특징이다. 여러 종류의 재료를 넣기보다 채소, 과일을 두세 가지 내외로 넣고, 재료를 바꿔가며 다양한 색과 다양한 맛으로 자주 만들어보자. 나무 그릇이 있다면 스무디 보울용으로 활용해도 좋을 것 같다. 하와이에서는 여러 식당

에서 스무디 보울을 나무 그릇에 내주었는데 잘 어울리고
더 먹음직스러워 보였다.

**스무디 보울을 만들 수 있는 다양한 재료**

·베이스 : 물, 견과 음료, 코코넛 밀크, 코코넛 워터, 두유

·질감을 만드는 재료 : 바나나, 아보카도, 다양한 과일을 으깬 것, 코코넛 가루,
 치아시드나 치아시드 가루, 오트 가루, 그린 바나나 가루

·함께 섞는 다양한 슈퍼 푸드 : 사차인치 가루, 코코넛 플레이크, 말차 가루,
 스피룰리나, 카카오 가루, 울금, 아마씨 가루, 햄프 프로테인 가루, 아사이 가루

·얹을 수 있는 재료 : 모든 과일과 견과, 말린 과일, 씨앗류, 카카오 닙스, 허브,
 그라놀라

·당을 제한할 때의 단맛 : 순수 스테비아

**스무디 보울이나 소이 요거트에 곁들여 먹기 좋은 그라뇰라**

곡물을 분쇄 후 만드는 시리얼이 아니라 견과류를 구워 그라뇰라를 만들면 요거트나 스무디 보울에 곁들여 먹을 수 있고 그라뇰라만으로도 좋은 간식이 된다. 만들기도 쉬우니 좋은 견과들을 구입해서 집에서 구워보자. 아몬드, 호두, 피칸, 헤이즐넛, 마카다미아, 캐슈, 호박씨와 해바라기씨 등 원하는 재료에 코코넛 오일을 살짝 버무리듯 섞는다. 약간의 소금과 메이플 시럽을 더한다. 치아시드를 미리 메이플 시럽에 불려 섞어도 좋다. 입맛에 따라 *rolled oats*라고 불리는 압착 귀리를 함께 섞어도 된다. 오븐을 160도로 예열하고 팬 위에 고루 펼친 후 30분 정도 굽는데 오븐 종류와 재료의 양, 팬에 따라 적당한 시간이 달라질 수 있다. 20분 정도 지나면 자주 살펴보고 적당한 굽기 시간을 찾으면 된다. 오븐에서 꺼내 30분간 건드리지 않고 그대로 식힌 후 열기가 빠지면 밀폐용기에 보관한다. 입맛에 따라 말린 블루베리나 크랜베리, 체리나 건포도 등을 섞어서 보관한다.

# 과일 푸딩과 끓이지 않는 잼

디저트와 빵 만드는 것을 배우면서, 우리가 시중에서 사 먹는 빵과 과자에는 생각보다 많은 양의 기름과 설탕이 들어간다는 것을 알게 되었다. 집에서 베이킹을 해보면 단맛 내는 재료를 꽤 많이 넣는다고 생각해도 여전히 시판 제품보다 달지 않다. 과일 이외의 단 것을 찾는 아이들에게 고구마와 단호박을 줄 수도 있고, 과일 푸딩을 만들어 주는 것도 건강한 간식이 된다. 바나나, 복숭아, 딸기나 블루베리, 오디, 멜론 등 다양한 과일로 만들 수 있는데, 물을 만나면 점도가 생기는 치아시드를 활용해서 푸딩이나 잼 만들기에 활용하자.

## 과일 푸딩

1. 식물성 음료(코코넛 워터, 두유, 아몬드, 오트 등)에 과일과 치아시드를 섞는다.
   과일과 물을 갈아서 식물성 음료를 대신해도 좋다. 액체 양으로 점도를 조절할 수
   있다.
2. 10~15분이 지나면 치아시드가 점성이 생기고 떠먹을 수 있는 푸딩으로 변한다.
   냉장보관 후 시원하게 먹는다. 한천가루를 활용할 때는 액체에 한천가루를 넣고 한
   번 끓인 뒤 냉장고에 식히면 탱글탱글하게 굳는다.

### 끓이지 않는 잼

원하는 과일과 물을 섞어 갈아 준 후 치아시드를 넣어 점도를 맞춘다. 치아시드로 걸쭉한 질감이 만들어지기 때문에 설탕과 과일을 넣고 끓이지 않아도 된다. 무설탕에 과일 본연의 단맛으로만 만드는 잼이다. 과일을 가열하지 않으니 과일 본연의 맛을 신선하게 느낄 수 있다. 빵과 곁들여 먹거나 오버나잇 오트밀에 올려 먹고, 샐러드에 얹어도 좋다. 유자즙에 코코넛 밀크와 치아시드를 넣고 단맛을 더해서 푸딩처럼 먹어도 맛있다.

### 톡톡 씹히는 라즈베리 잼

냉동 라즈베리나 제철의 국내산 산딸기로 만든다. 톡톡 씹히는 식감도 좋고 시판 잼보다 달지 않아서 더 맛있는 잼이다. 넉넉한 그릇에 라즈베리 두 컵 분량과 치아시드 4~5 큰술, 레몬즙 1개 분량, 순수 스테비아를 넣고 고루 섞어 뚜껑을 덮고 15~20분간 둔다. 주걱으로 으깨어 밀폐용기에 담아 냉장보관한다. 라즈베리를 대신해서 블루베리, 딸기, 귤, 사과, 복숭아 등 다양한 과일로 활용할 수 있다. 입맛에 따라 코코넛 밀크를 소량 넣어도 좋다.

### 치아시드

치아시드는 섬유질과 오메가-3, 마그네슘과 단백질이 풍부하게 들어 있어 슈퍼푸드로 불린다. '*Mamma Chia Organic Chia Seed*' 제품에는 블랙과 화이트가 있다. 쇼핑몰 '아이허브'에서 구입한다. 나는 제빵과 스무디 용으로는 치아시드 가루를 사용하고 스무디 보울이나 샐러드, 잼에 활용할 때는 치아시드를 사용한다.

# 소이 요거트

우유를 사용하지 않고 식물성 재료만으로도 요거트를 만들 수 있다. 식물성 요거트는 비건 마켓이나 온라인에서 구입이 가능한데 집에서 만드는 것도 어렵지 않은 편이다. 비건 유산균을 준비하면 요거트나 치즈 등의 발효식품을 만들 수 있다. 비건 유산균 외에 전통 쌀누룩을 활용할 수도 있다. 요거트는 허브와 매우 잘 어울린다. 과일뿐 아니라 딜, 민트, 바질 등을 넣어 함께 먹으면 맛의 조합이 훌륭하다. 여름철 집에서 만든 요거트에 복숭아와 딜을 넣어 시원하게 먹는 맛은 작지만 충만한 기쁨을 준다.

1. 두유나 콩물, 식물성 음료, 코코넛 밀크나 크림에 프로바이오틱스 유산균을 넣는다. 캡슐에서 가루만 넣고 요거트 1인 분량에 캡슐 1개 분량 정도를 넣는다. 발효 온도나 시간에 따라 발효가 달라질 수 있으니 프로바이오틱스 유산균 사용량은 조절해도 된다. 걸쭉한 점도의 요거트를 만들고 싶다면 액체에 미리 좋아하는 가루를 넣어 질감을 맞춘 후 유산균을 넣는 방법이 있다.
2. 용기에 담아 천으로 덮은 후 실온에서 하루 정도 발효시키는데 실내 온도에 따라 발효시간을 조절한다. 시큼한 맛이 돌고 점도가 생기면 냉장 보관한다.
3. 시원해진 요거트에 과일과 견과, 허브 등을 넣어 먹는다. 취향에 따라 으깬 바나나, 메이플 시럽, 대추야자 시럽, 코코넛 슈거, 순수 스테비아, 끓이지 않은 치아시드 잼 등을 활용해서 단맛을 즐길 수 있다. 단맛을 내는 재료는 요거트를 먹기 직전에 넣자.

### 단감

단감은 가을부터 겨울까지 먹을 수 있는 과일이다. 겨울 배추와 단감을 넣고 샐러드를 만들면 단감을 좋아하지 않는 입맛도 바꾸는 제철음식 조합의 힘이 있다. 단감을 얇게 썰고 배추와 섞어 푸짐하게 내놓고 참깨를 갈아 드레싱을 듬뿍 얹어서 먹어보자. 게다가 단감은 소이 요거트에 넣어 먹어도 훌륭하다. 나는 농부님들의 유기농 단감을 만나기 전까지는 단감을 좋아하지 않았지만 이제는 매해 단감 먹는 계절을 기다리게 되었다.

사과와 딜을 넣기도 하고 감과 딜을 넣기도 한다. 잘게 부순 견과류나 호박씨, 해바라기씨를 뿌려 먹으면 잘 어울린다.

**강성중 농부님의 단감**
경남 고성

단감을 좋아하지 않던 입맛을 바꾸어 준 고마운 농부님이다. 가을이 되면 가장 많이 먹는 과일이 사과와 단감이 되었다. 농부님의 단감 주문이 이제 끝났다는 소식을 들으면 곧 봄이 온다는 뜻이기도 하다. 단감과 대봉감을 주문할 수 있다.

**이숙연 농부님의 대봉감**
경남 하동

일제 강점기 이전의 천연 농법으로 농사를 하고 싶다는 농부님 부부의 대봉감이다. 유기농과 자연농의 중간단계에 있으며 퇴비를 하지 않고 키운다고 한다. '팔도다이렉트' 웹사이트에서 구입할 수 있다.

### 프로바이오틱스와 쌀누룩

비건 프로바이오틱스는 *MRM, Daily Probiotic* 제품으로 '아이허브'에서 구입한다. 캡슐 형태로 되어 있으니 캡슐에서 가루만 쏟아 사용하면 된다. 쌀누룩은 집에서 빵을 만들 때 이스트를 대신해 사용하면 천연 발효빵을 만들 수 있고, 막걸리나 발효식초 등을 만들 때도 쓰인다. 쌀누룩은 인터넷에서 국내생산으로 저렴한 가격에 구입할 수 있다. 프로바이오틱스보다 쌀누룩을 활용하면 재료비용을 줄일 수 있다.

# 치즈, 마요네즈, 버터

치즈는 발효음식으로 중독성이 있어서 된장이나 와인처럼 계속 찾게 된다. 시판 제품보다 맛과 질감에서 차이가 있겠지만 캐슈와 유산균으로 크림 형태의 치즈를 만들 수 있다. 비건 유산균을 이용하면 우유 성분이 들어가지 않는다. 캐슈를 4시간 이상 물에 불려 곱게 갈고 유산균을 캡슐에서 분리한 후 섞어준다. 실내 온도에 따라 발효 정도와 시간의 차이가 있는데, 보통 섭씨 25도 정도의 실내 온도에서 3일 정도 지나면 시큼하게 맛이 든다.

기본 크림치즈를 만든 후 면 보자기에서 물기를 제거하면 고형 치즈가 된다. 마늘 가루나 허브, 훈제 파프리카 가루, 과일 등을 이용해서 다양한 치즈로 활용할 수 있다. 울금가루나 강황가루를 소량 넣으면 노란 색감의 치즈를 만들 수 있다. 이렇게 만들어진 크림치즈는 샌드위치 스프레드나 샐러드 드레싱으로, 감자나 면 요리에 다양하게 활용할 수 있다.

## 크림치즈

1. 4시간 이상 물에 불린 캐슈 두 컵 분량을 블렌더에 곱게 간다.
   물은 갈릴 정도로만 최소한으로 넣는다.
2. 밀폐용기에 담고 유산균 가루를 함께 섞는다. (3~4캡슐)
3. 실온에 보관하며 발효 정도를 확인한다.
4. 시큼한 향과 맛이 진하게 돌면 냉장 보관한다.
5. 먹기 전 소금으로 간하고 취향에 따라 허브나 마늘, 과일 등으로 다양하게 완성한다.

## 캐슈 리코타 치즈

1. 4시간 이상 불린 캐슈 두 컵 분량과 반 컵의 물, 레몬즙, 마늘 한 조각, 반 티스푼 정
   도의 양파 파우더, 소금을 넣고 블렌더에 곱게 갈아준다. 레몬즙은 입맛에 맞게 넣는
   데 새콤한 맛을 위해 넉넉하게 넣는 것을 권한다. 마늘도 입맛에 맞게 조절해서 넣자.
   반 조각을 넣어보고 남은 반 조각을 더 갈아 넣으면 맛을 맞추는 데 도움이 된다.
2. 2시간 이상 냉장보관 후 차가운 상태에서 먹는다.
3. 바질이나 이탈리안 파슬리, 루꼴라 등을 곁들인다.

### 두부 리코타 치즈

두부 한 모에 레몬즙 1개 분량, 사과식초 한 큰 술, 소금 약간, 된장 반 큰술, 마늘 한 조각을 모두 넣고 블렌더에 갈아준다. 입맛에 따라 생바질 잎 2~3장을 넣어 갈아도 좋다. 마늘과 레몬즙 양은 취향에 맞게 조절하자. 치즈에 된장이 무슨 말이냐고 할 수도 있다. 먹어 보면 된장 맛은 깜쪽같이 사라진다. 냉장보관 후 차가운 상태에서 먹는다.

### 피칸 치즈

생피칸을 하루 정도 물에 불린 후 헹구고 물기를 뺀다. 덩어리가 씹히도록 작은 알갱이 사이즈로 빻거나 다진다. 엑스트라 버진 올리브 오일과 영양 효모, 레몬즙, 양파 가루, 마늘 가루, 머스터드, 소금, 후추를 다져 둔 피칸과 잘 섞는다. 피칸 한 컵 분량에 효모는 반컵이나 1/3컵 정도, 올리브 오일과 레몬즙은 각 3~4 큰 술, 머스터드는 반 작은 술, 양파 가루와 마늘 가루는 각 반 작은 술 정도를 기준으로 하되 입맛에 따라 각 재료를 더하거나 빼면 된다. 냉장고에 3~4일간 보관이 가능하고 피칸을 대신해서 호두를 활용해도 좋다. 피칸 치즈는 팬에 구운 배추나 양배추, 브로콜리, 콜리플라워에 뿌려 먹으면 서로 맛이 잘 어울린다.

### 마카다미아 고형 치즈

두 컵의 마카다미아를 하룻밤 물에 불린다. 레몬즙 2개 분량, 물 반 컵에서 2/3컵 정도, 사과식초 한 큰 술, 마늘 2~3조각, 올리브 오일 한 큰 술, 소금 한 작은 술, 후추 약간을 블렌더에 곱게 갈아준다. 이탈리안 파슬리나 바질, 타임, 처빌, 로즈메리 등이 있다면 갈아 둔 재료에 곱게 다져 넣어도 좋다. 면 보에 부어 잘 감싸서 위를 묶은 채로 냉장보관한다. 수분이 빠질 수 있도록 거름망이나 채에 올려서 보관한다.

반나절 정도 냉장보관 후 꺼내어 면 보를 제거하고 모양을
잘 만진 후 오븐에서 170도로 20~30분 정도 굽는다. 겉이
약간 갈라지기 시작하고 연한 갈색이 나오면서 단단해지면
완성이다. 덩어리 상태로 냉장보관하고 먹을 때마다 잘라먹
으면 된다. 겉은 단단하고 속은 부드러운 치즈를 먹을 수 있다.

### 치즈갈릭소스
만들어진 크림치즈에 마늘 가루, 레몬즙, 영양 효모를 더해
완성한다. 빵이나 채소 스틱을 찍어 먹거나 감자에 곁들여
도 좋다. 마늘 가루 대신 다진 마늘을 넣어도 된다.

**치즈갈릭소스를 곁들인 구운 감자**

## 크래커나 나초를 위한 치즈 소스

4시간 이상 물에 불린 캐슈와 빨간색 파프리카나 피망, 영양 효모, 강황가루나 울금가루 한 꼬집, 파프리카 가루 약간, 마늘을 모두 넣고 블렌더로 갈아준다. 각각의 재료를 얼마나 넣어야 할지 감이 오지 않는다면 색이나 향을 위해 넣는 향신료나 양념들은 넣지 않고 캐슈와 피망을 먼저 넣고 갈아준 후 다른 재료를 조금씩 맛 보면서 섞으면 요리가 쉽다. 물에 불린 양 기준으로 두 컵 정도의 캐슈라면 파프리카 하나 정도, 영양 효모는 3~4 큰 술, 강황이나 울금가루는 색을 내기 위한 용도로 아주 약간, 파프리카 파우더는 1/3 티스푼 정도, 마늘은 반쪽이나 한쪽 정도가 적당한데 파프리카가 얼마나 큰지, 마늘 크기가 얼마만 한지, 캐슈가 얼마나 불었는지 등 여러 요인으로 요리 맛은 달라지고 만드는 사람마다 차이가 있다. 내가 계량을 정확하게 말하지 않는 이유기도 하다. 자주 맛보고, 재료를 조금씩 더하다 보면 요리가 더 쉽고 잘 만들 수 있다. 걸쭉한 농도를 위해 필요하면 물을 넣어가며 갈아준다. 간은 소금이나 간장 어떤 걸로 해도 괜찮다.

## 치즈 가루

파르메산 치즈 가루 느낌으로 캐슈를 활용한 가루 치즈를 만든다. 너무 간단하지만 풍미와 맛은 좋기 때문에 파스타나 샐러드, 채소와 함께 어떤 요리에도 적극 곁들여보자. 마른 상태의 캐슈와 생 마늘, 약간의 소금을 고속 블렌더에 곱게 갈아주기만 하면 끝난다. 한 컵 분량의 캐슈에 마늘은 반쪽에서 한쪽까지 입맛에 맞게 맞춰보자. 허브나 영양 효모를 넣을 수도 있다. 냉장고에서 2~3주 넉넉하게 보관할 수 있다.

**마요네즈**

물에 불린 캐슈 두 컵 분량이나 두부 한 모에 레몬즙 2개 분량, 사과 식초나 레드 와인 식초 한 큰 술 정도, 약간의 소금, 머스터드 한 작은 술을 부드러워질 때까지 블렌더에 갈아준다. 취향에 따라 식초나 레몬즙, 머스터드의 양은 조절한다. 물에 불린 캐슈나 두부에 수분이 있기 때문에 부드럽게 잘 갈리는데 블렌더의 성능에 따라 곱게 갈리지 않는다면 약간의 물을 넣어 잘 갈리도록 해도 된다. 향이 진하지 않은 올리브 오일을 준비한다. 너무 좋은 오일이라 향이 진하면 마요네즈에서 쓴맛이 느껴질 수 있기 때문에 마요네즈에 사용하는 올리브 오일은 평범한 제품이 좋다. 향이 없는 코코넛 MCT 오일도 괜찮다. 한 컵 분량의 오일을 부드럽게 갈린 재료에 천천히 흘려주면서 쉬지 않고 섞어 준다. 한 손으로는 오일을 천천히 넣으면서 다른 손으로 열심히 섞어야 한다. 맛을 보고 필요한 재료를 추가한다. 다진 허브, 으깬 아보카도, 다진 마늘, 영양 효모 등도 추가할 수 있다. 마요네즈가 너무 묽게 만들어졌을 때 아보카도는 농도를 걸쭉하게 만들어 고소한 맛을 올려준다. 허브는 특히 처빌이나 이탈리안 파슬리가 잘 어울린다. 4~5일 동안 냉장보관 가능하다. 생마늘을 넉넉하게 갈아 섞으면 달걀을 넣지 않는 아이올리 소스로 활용할 수 있다. 다양한 채소를 쪄서 아이올리 소스로 곁들여 내도 좋다.

## 버터

즐겨 만드는 가장 간단한 버터는 올리브 오일, 마늘, 소금을 넣고 블렌더에 갈아서 작은 용기에 담아 냉장 보관하는 방법이다. 먹기 전 몇 분 실온에 꺼내두면 버터처럼 부드럽게 빵이나 크래커에 발라 먹을 수 있다. 올리브 오일은 실온에서는 다시 녹기 때문에 식사하는 동안 얼음이 담긴 볼 위에 버터 용기를 올려두면 버터 질감을 유지하는 데 도움이 된다. 여기에 영양 효모나 다진 허브 등 재료의 조합을 달리하여 여러 느낌의 버터를 만들 수 있다. 빵에 발라 먹는 용도의 버터로는 으깬 아보카도가 가장 편하고 맛도 좋지만 올리브 오일을 활용해서 버터를 만들어보는 것도 재밌다. 올리브 오일과 코코넛 오일을 섞어 만들면 겨울에는 버터 질감이 실온에서 좀 더 오래 유지된다. 노란빛의 색감을 더하려면 울금가루나 영양 효모, 강황가루를 약간 넣어도 된다. 영양 효모는 향이 진하기 때문에 울금가루나 강황가루를 사용하는 것을 더 추천한다. 만약 영양 효모 향과 맛을 특별히 좋아한다면 적극 넣어보자.

# 굽지 않는 브라우니

*Raw vegan*이라는 말을 처음 들었을 때, 또 다른 세상이 있다는 것을 느꼈다. 암스테르담의 멋진 카페를 지나가면서 로우 볼 *raw ball*이 맛있겠다는 생각을 했다. 우리는 다음 날 만나기로 했던 지인에게 우연하게 로우 볼을 선물 받았다. 마음이 통한 것일까? 로우 볼을 생각하면 그날의 소중한 추억이 함께 떠오른다. 작지만 영양이 농축되어 있는 로우 볼 하나면 남은 오후가 든든해진다. 채윤

굽지 않고 만드는 맛있는 브라우니를 소개한다. 만드는 모양에 따라 브라우니나 케이크로 만들 수도 있고, 동그랗게 빚어 에너지 볼로 만들 수 있다. 메이플 시럽이나 조청, 곶감이나 대추야자로 단맛을 조절할 수 있는데, 반죽하면서 미리 맛볼 수 있으니 그때 단 맛의 정도를 조절하자. 코코넛 가루 대신 콩가루를 넣어도 좋고, 카카오의 카페인이 걱정된다면 캐롭 파우더 *Carob Powder*를 사용할 수도 있다. 캐롭은 초콜릿 맛이 나는 열매인데 가루형태로 구입할 수 있다. 초콜릿 풍미가 나면서 카페인은 없어서 어린아이들도 즐길 수 있다. 브라우니의 메인 재료가 되는 바나나는 잘 익어 검은 점이 많이 생긴 것으로 준비한다. 브라우니는 냉장보관으로 3~4일간 먹을 수 있는데 아이들이 좋아해서 그보다 빨리 사라진다.

생일이나 특별한 날, 가족과 함께 케이크를 만들어본다면 기쁨은 더 커질 것이다. 틀에 넣고 빼는 과정이 번거롭다면 손으로 뭉쳐서 자연스러운 모양을 만들어도 좋다. 큰 직사각형으로 대략 모양을 잡은 후 냉장 보관하면 어느 정도 굳어서 자르기 편해진다. 얇게 잘라도, 정사각형 모양으로 잘라노 디저트로 훌륭한 모양이 나온다. 산딸기나 블루베리, 딸기를 곁들여도 잘 어울린다. 케토 디저트로 이 레시피를

활용할 때는 그린 바나나 가루나 코코넛 가루, 아몬드 가루를 단독으로 혹은 서로 조합해서 사용하고 단맛은 순수 스테비아로, 서로 뭉치도록 만드는 질감은 아마씨 가루와 코코넛 오일로 사용할 수 있다.

1. 코코넛 가루 1컵 반, 카카오 파우더 1컵, 땅콩버터나 아몬드 버터 4~5 큰 술, 메이플 시럽 반 컵, 잘 익은 바나나 2~3개, 코코넛 오일 1~2 큰 술을 모두 잘 섞는다. 블렌더를 활용하면 편하게 섞을 수 있고 블렌더가 없다면 주걱으로 꼼꼼하게 섞어준다.
2. 틀에 소량의 코코넛 오일을 바른 후 힘을 주어 눌러가며 재료를 담는다. 틀 없이 손으로 모양을 만들어도 사랑스럽다.
3. 편편하게 눌러 모양을 잡은 후 틀에서 바로 빼내고 냉장 보관한다.
4. 먹기 전 잘게 빻은 피스타치오나 과일을 곁들인다.

## 브라우니에 얹어 먹기 좋은 코코넛 휘핑크림

시판용 식물성 휘핑크림의 성분표를 보고 깜짝 놀란 적이 있다. 읽기도 힘든 낯선 화학성분명이 나열되어 있었다. 집에서 우연히 코코넛 밀크에서 뭉친 코코넛 크림을 이용해 휘핑크림을 만들어 본 후 유레카를 외친 적이 있다. 순수 코코넛 크림을 사용해도 되고 코코넛 밀크에서 수분을 빼도 된다. 주로 '뷰코 코코넛 밀크 쿡'을 이용하는데 농도가 진해서 요리에 다양하게 활용하기에 좋다. 냉장고에 보관하면 코코넛 크림과 수분이 분리되어 있는데 휘핑크림을 만들 때는 용기를 가위로 잘라서 크림과 수분을 구분하고 크림만 사용한다. 포장 용기가 팩이나 캔 관계없이 유화제를 넣지 않은 코코넛 밀크는 냉장보관 시에 크림과 수분이 분리된다. 냉장고에서 차갑게 보관한 크림을 냉동실에 다시 10~15분 정도 넣었다가 꺼내어 휘핑한다. 블렌더에 돌리거나 휘핑기를 사용해도 된다. 차가운 상태를 유지할수록 휘핑이 잘 되기 때문에 손으로 휘핑할 때는 얼음이 담긴 볼에 휘핑 그릇을 담근 채 휘핑하면 좋다. 블렌더나 스탠드 믹서에서는 30초 정도면 충분하게 휘핑 된다. 순수 스테비아를 넣어 단맛을 더할 수도 있다. 아주 간단하게 신선한 생크림 맛이 완성되는데 입맛에 따라 카카오 파우더나 바닐라 농축액, 바닐라 빈 등을 더해 크림을 만들 수 있다. 코코넛 휘핑크림은 커피 음료에 응용해도 좋고 빵에 발라 먹거나 그라놀라와 과일, 오버나잇 오트밀, 푸딩 등과 곁들여도 좋다. 특히나 과일 중에는 자몽, 하귤, 감귤류나 멜론, 딸기와 잘 어울린다.

# 발라 먹는 카카오 크림

진한 초콜릿 맛의 카카오 크림은 크레페 *Crape*를 만들 때 빼놓을 수 없는 재료다. 한번 먹으면 멈출 수가 없어서 악마의 잼이라고 알려진 시판 초콜릿 잼의 주요성분은 정제설탕과 팜유다. 초콜릿 잼이라기보다는 초콜릿 맛이 나는 설탕 잼이라는 표현이 정확할 것 같다. 약간의 수고만 들이면 집에서 좋은 재료로 더 맛있게 만들 수 있고 아이들, 어른 모두 좋아한다. 빵이나 과일, 크래커 등에 곁들여 디저트로 즐길 수 있고 보관 기간도 긴 편이다. 아이들에게는 현미를 납작하게 구운 스낵에 발라 초코 샌드위치처럼 만들어준다. 밖에서 파는 디저트 유혹을 참느라 힘들다면 꼭 만들어보자. 초콜릿 디저트로 즐길 수 있는 좋은 대안이 된다.

1. 헤이즐넛 버터를 준비한다. (100% 헤이즐넛 성분으로 구입할 수 있다.)

2. 혹은 헤이즐넛을 팬에 살짝 볶은 후 분쇄기로 곱게 갈아준다. 만약 헤이즐넛을 구입하기가 번거롭다면 아몬드 버터나 땅콩버터도 괜찮다.

3. 메이플 시럽이나 원당 혹은 순수 스테비아로 단맛을 조절하고, 카카오 파우더를 넣어 섞는다. 단맛과 초콜릿 맛을 취향에 따라 가감할 수 있다. 묽은 질감으로 만들고 싶다면 코코넛 오일을 더해서 조절한다. 헤이즐넛이나 호두 오일을 사용해도 된다. 코코넛 오일은 겨울철 실온에서 굳기 때문에 굳지 않는 코코넛 MCT 오일을 사용해도 된다. 빛이 들지 않는 곳에 실온 보관한다.

### 더 간단한 카카오 크림

헤이즐넛 버터 없이 더 간단하게 만드는 카카오 크림은 실온에서도 굳지 않는 MCT 코코넛 오일과 카카오 파우더를 원하는 점도로 섞어준다. 땅콩 버터나 아몬드 버터 등의 견과 버터를 더해서 점도를 맞춰도 좋고 곱게 으깬 아보카도를 넣어도 발라 먹기 좋은 카카오 크림을 만들 수 있다. 단맛을 위해 메이플 시럽, 코코넛 슈거, 순수 스테비아 등을 넣는다.

# 아이스크림

'오 주님, 감사합니다. 이렇게 맛있을 수 있을까요?' 로마 바티칸 앞에 있는 유명한 젤라토 집 앞에서 만난 수녀님의 얼굴에서 읽을 수 있는 고백이다. 아이스크림을 싫어할 사람이 누가 있겠는가? 다만 기왕이면 좋은 재료를 사용한 아이스크림을 먹을 수 있다는 것에 감사할 따름이다. 식물성으로 만들어진 맛있는 젤라토를 먹을 때면 이탈리아 수녀님께도 한 입 드리고 싶다. 채윤

아이스크림도 우유를 사용하지 않고 식물성으로 먹을 수 있다. 아이스크림 제조기가 없더라도, 우리가 알던 식감과 조금 다르더라도 좋은 재료로 아이스크림을 즐길 수 있다. 여러 식품첨가물 대신 과일로 만드는 아이스크림은 아이들에게도 안전하게 내어 줄 수 있는 부모의 마음이다. 시판 제품들처럼 부드러운 식감은 없지만 안심하고 먹을 수 있고 아이스크림에 들어가는 많은 설탕을 피할 수도 있고 신선한 재료를 취향대로 쓸 수 있다. 액체와 얼린 과일을 갈아서 바로 먹을 수 있는 건강한 아이스크림을 소개한다.

아이스크림용 액체는 식물성 음료(콩물, 두유, 아몬드 음료, 오트 음료, 캐슈 음료, 코코넛 워터, 코코넛 밀크) 중에 어떤 것을 선택해도 좋다. 4시간 이상 불린 캐슈를 함께 넣으면 좀 더 크리미한 맛의 아이스크림이 되고, 액체와 과일의 비율을 조절해서 셔벗 또는 크림 식감으로 만들 수 있다. 봄철의 딸기를 냉동 보관했다가 무더운 여름에 딸기 아이스크림을 먹어도 좋다. 바나나, 블루베리, 딸기, 멜론, 복숭아, 홍시, 배 등 여러 과일로 활용할 수 있고 바나나와 카카오 가루를 더하면 초콜릿 아이스크림이 된다.

바질, 민트도 적극 활용해보자. 유럽의 다양한 젤라또 가게

처럼 허브를 활용하면 색다른 맛의 아이스크림을 먹을 수 있다. 올리브 아이스크림, 라벤더 아이스크림, 바질 아이스크림은 이탈리아에서 맛본 인상적인 아이스크림이었다. 현미 국수 끓인 물을 액체로 활용하면 쌀 풍미의 아이스크림을 먹을 수도 있다. 유명한 젤라또 집의 쌀 아이스크림 못지않게 집에서도 즐길 수 있다. 과일만으로 단맛이 부족하다고 느낀다면 설탕이나 시럽보다 몸에서 설탕 작용이 없는 순수 스테비아를 넣으면 좋다. 케토 식단을 실천한다면 아보카도로 아이스크림을 만들면 된다. 얼린 아보카도에 코코넛 밀크와 원하는 맛을 넣자. 카카오 가루, 아사이 가루, 말차 가루, 얼그레이 찻잎, 바닐라 농축액 등 원하는 맛의 재료를 넣어 다양한 아이스크림을 만들 수 있다. 바로 갈아서 바로 먹는 즉석 아이스크림이라 좀 더 부드러운 질감을 즐길 수 있다.

### 블루베리 아이스크림

1. 코코넛 워터나 밀크 3컵 혹은 식물성 음료, 불린 캐슈 반 컵, 메이플 시럽 반 컵, 코코넛 오일 5~6스푼, 바닐라 농축액이나 바닐라 빈(생략 가능), 블루베리 3~4컵

2. 모든 재료를 블렌더에 갈아준 후 냉동한다. 과일의 종류만 바꿔가며 다양한 아이스크림을 만들 수 있다. 아이스크림 제조기에 버금가는 부드러운 아이스크림을 먹고 싶다면 30분~40분 간격으로 냉동실에서 꺼내어 열심히 섞으면 된다. 보통 5~6번 정도 30분~40분 간격으로 저어주면 더 부드러운 아이스크림이 된다.

### 3~4시간 용 딸기 아이스크림

코코넛 밀크와 딸기, 순수 스테비아를 넣어 블렌더에 곱게 갈아준다. 용기에 담아 냉동실에 얼리고 3~4시간 후 먹는다. 냉동실 온도와 양에 따라 시간은 차이가 날 수 있으니 2시간 후부터 얼마나 부드럽게 얼었는지 확인하고 냉동시간을 조절하면 된다. 시간이 지날수록 꽁꽁 얼어버리기 때문에 시간 안에 먹는 것이 가장 부드럽게 먹을 수 있는 레시피다. 과일의 종류를 다양하게 활용할 수 있고 냉동과일을 사용하면 얼리는 시간을 줄일 수 있다.

**얼리지 않고 바로 먹는 초콜릿 아이스크림**

(얼린 바나나 혹은 잘게 썰어 얼린 아보카도) + (콩물이나
코코넛 워터, 코코넛 밀크 혹은 식물성 음료) + 불린 캐슈 +
카카오 가루 + (메이플 시럽이나 스테비아)를 넣어 블렌더
에 갈아 준다. 점도를 확인하면서 액체 양을 조절하면 된다.
냉동 바나나와 냉동 아보카도는 아이스크림의 쫀득한 질감
을 만들어주는데 여름에는 금방 녹으니 만들어서 바로 먹는
것이 좋다. 더 부드럽고 되직한 질감을 위해서 그린 바나나
가루를 블렌더에 갈 때 함께 넣어 질감을 조절해도 좋다.

얼리지 않는 초콜릿 아이스크림과 딸기 아이스크림.
액체 양을 늘려 묽게 만들면 모양 틀에 얼려 아이스바로 먹을 수 있다.

### 그린 바나나 가루

그린 바나나 가루는 당으로 전환되지 않는 저항성 전분이라
서 케토 식단에도 적합하고 베이킹에도 활용할 수 있다. 생
으로 가루를 먹는 것이 저항성 전분 활성에 가장 좋다. 수프
를 끓일 때 점도를 위해 넣을 수도 있고 부드러운 질감을 내
는 모든 곡물 가루를 대체할 수 있다. 140도 이하에서는 저
항성 전분의 특징이 유지되는데 베이킹에 밀가루를 대신해
도 훌륭하다. 웹사이트 '아이허브'에서 구입한다. 편의상 이
곳에서 여러 해외 식재료를 모아서 구입하지만 모든 해외
식재료는 다양한 웹사이트에서 구입이 가능하다.

# 비건만이 정답일까?

우리는 스스로를 '비건'이라는 틀로 구분 짓지 않기로 했다. '비건'이라는 단어는 너무도 강력해서 다른 모든 것을 가려버리곤 한다. 비건은 우리 삶의 여러 모습 중 한 가지일 뿐인데 그것이 우리를 표현하는 전부로 느껴지기도 했다.

사회적으로도 비건이나 단계별 채식이라는 말이 신중하게 사용되면 좋겠다. 어떤 형태로 채식을 하느냐보다 음식의 근원에 대해 인식하는 것이 더 중요하다. 채식을 시작하게 된 계기는 달라도 건강, 환경, 동물 윤리에 대하여 점차 관심을 갖게 된다. 사람마다 인식하고 변화되는 시간이 좀 더 걸릴 수도 있지만 올바른 방향성이 생긴다면 그것만으로도 멋지다. 어떤 사람은 비건만이 최고라 여기며 자신을 강박하고 좌절을 반복하지만, 스스로를 채식인으로 구분 짓지 않고도 즐겁고 건강하게 먹는 사람도 있다.

고기 중에 닭고기만 가끔 먹는 사람을 육식주의자라 칭할 수 없듯이 채식을 하며 달걀을 먹는 사람을 채식주의자가 아니라고 하기도 힘들다. 나는 비건, 너는 달걀 먹는 베지테리언, 너는 생선 먹는 페스코라며 서로를 구분 짓는 것은 중요하지 않다. 무엇이 더 우위에 있고 무엇이 더 맞는지를 따지는 것이 아니라, 스스로 힘들지 않게 건강하고 행복한 삶을 위하여 지속 가능한 식사를 찾아가는 과정이 필요하다. 그리고 그 과정은 무엇보다 즐거웠으면 좋겠다.

소중한 사람들과 만나야 할 일이 있을 때면 집으로 초대를 하곤 한다. 대단하게 차린 것은 없어도 제철에 맞는 채소와 따뜻한 정성으로 식탁을 채운다. 식사를 끝내고 여유 있게 차도 한 잔하며 대화를 나눈다. 집에서 만든 음식을 함께 할 수 있다는 사실만으로도 마음이 따뜻해진다. 우리는 그런 마음으로 이 책을 준비했다. 우리가 사랑하고 또 우리를 사랑해주시는 많은 분들과 식사를 함께 할 수는 없지만 책을 통해서라도 따뜻한 식사를 내어 드리고 싶은 마음을 담았다. 이 음식들을 직접 만들어보고 사랑하는 사람들과 함께하실 즐거운 모습을 마음에 그려본다. 따뜻한 식사는 사람으로 완성된다.

2020년 4월
맞은편에 앉아 함께 해 주셔서 고맙습니다.
강하라 심채윤 올림

블로그 blog.naver.com/nomadco
인스타그램 @readhara @kkyeanumm

네가 네 손으로 수고한 것을 먹을것이요.

네가 행복해지고 잘되리라.

시편 128:2

# 따뜻한 식사

2쇄 찍음 2020년 11월 30일
2쇄 펴냄 2020년 11월 30일
지은이 강하라, 심채윤
디자인 Studio KIO
펴낸곳 껴안음
펴낸이 강하라, 심채윤
인쇄 및 제책 3P
출판등록 2020년 1월 17일
신고번호 제2020-000005호
주소 서울시 용산구 한남대로27가길 32
전자우편 kkyeanumm@gmail.com
ISBN 979-11-970109-0-3

본 책의 내지는 재생지를 사용하였습니다.

평소 믿고 맡겨 주셔서

많음도이 일이야

*ldkyeaumm*

강원기

마운정 지사

성제훈

기쁨 마주나 —————————————————

# 오버나잇 오트밀

프랑스에서 스위스로 이동했다. 밤늦게 도착한 스위스 시골 인터라켄은 고요했고 도심의 불빛이 없어서 하늘이 먹물처럼 검었다. 다음 날 아침 일찍 호텔에서 준비해준 조식을 먹었는데 오버나잇 오트밀을 맛볼 수 있었다. 햇살이 쏟아지는 테라스에서 새소리를 들으며 맑은 공기를 마시니 시간이 멈춘 듯 평화로웠다. 우리에게 오버나잇 오트밀은 그날을 떠올리게 하는 추억의 음식이다. 채윤

오트밀은 서양에서 즐겨 먹는 식사다. 쌀밥이 우리에게 찬과 먹는 주식이라면 서양에서는 오트밀이 우리의 쌀밥과 같은 곡식이다. 오트밀은 여러 재료를 더해서 다양하게 먹을 수 있다. 과일, 견과류, 씨앗류, 카카오 파우더나 여러 가루들을 더해서 식물성 음료와 함께 먹을 수 있다. 코코넛 워터나 물, 카카오 파우더, 견과류 버터를 더해서 과일을 얹어 먹으면 맛있는 디저트나 식사로 즐길 수 있다.

한퇴골팜 참다래
경남 통영
010.3584.8437

유진팜 국내산 바나나
제주
010.2696.3335

1. 오트밀을 물에 불린다. 코코넛 워터, 코코넛 밀크, 두유, 견과 음료 등에 불려도 좋다.
2. 겨울에는 실온, 여름에는 냉장보관을 한다.
3. 좋아하는 과일, 카카오 가루, 햄프시드나 다양한 슈퍼푸드 등을 곁들여 먹는다.
   씨앗류나 말린 과일, 생과일 등을 넣어 함께 불려도 좋다.

# 견과류 음료

우유를 대신할 수 있는 견과류 음료를 만들어보자. 모든 종류의 견과류와 씨앗을 이용할 수 있다. 집에서 만드는 식물성 음료는 최대 3일 냉장보관이 가능하다. 만드는 방법이 간단하니 바로 만들어서 1~2일 안에 먹으면 좋다. 첨가물 없이 안심하고 먹을 수 있는 아몬드 음료를 소개한다. 아몬드를 대신해서 다양한 견과와 씨앗류로 활용할 수 있다. 물에 불린 소량의 오트밀과 물만으로도 블렌더에 갈아서 초간단 식물성 음료를 만들 수도 있다.

1. 아몬드를 하룻밤 물에 불린다. (최소 4시간)
2. 말린 대추야자를 씨를 빼고 1~3개 함께 불리면 따로 단맛을 추가하지 않아도 된다.
3. 불린 아몬드 한 컵 분량에 500~700ml 물 양으로 곱게 갈아준다. 가벼운 맛으로 묽게 만들어야 질리지 않는데 취향에 따라 물과 아몬드 양을 가감하면 된다.
4. 입맛에 따라 소금이나 코코넛 슈거, 메이플 시럽, 순수 스테비아 등을 넣어도 좋다.
5. 체에 거른다. 커피용 스테인리스 필터를 사용하면 편하다. 거른 후 남은 건더기는 오트밀에 섞어 먹거나 베이킹, 샐러드에 더하면 좋다.

# 스무디

냉장고에 들어 있던 찬 음료를 그대로 마셔도 춥다고 느껴지지 않는 계절에는 과일과 채소로 포만감 있는 스무디를 만들 수 있다. 물론 스무디는 사계절 먹을 수 있다. 스무디와 견과류는 식사뿐 아니라 간식으로도 훌륭하다. 우리는 아이들에게 스무디와 견과, 과일 등을 원하는 만큼 먹게 한다. 더운 계절에는 코코넛 워터에 그때그때 준비된 잎채소 한두 가지를 넣고 갈아 마시는데 코코넛 워터가 달기 때문에 잎채소만 넣고 갈아도 아이들이 잘 먹는다. 케일이나 시금치, 비타민 등 여러 채소를 활용할 수 있고 과일을 함께 갈아 마시기도 한다. 여름철이 지나면 코코넛 워터 대신 아몬드 밀크나 오트 밀크 등의 견과류 음료를 넣어서 먹는다. 코코넛 밀크도 훌륭하다. 코코넛 밀크의 종류에 따라 질감이 뻑뻑하면 물을 섞어 만든다. 서양에서는 비건들이 어린 아이부터 어른까지 커다란 유리컵에 스무디를 가득 마시는 모습을 쉽게 볼 수 있는데 영양 밀도가 높아서 아이들에게도 추천하는 음료다. 스무디 한 잔에 샐러드나 통곡물 빵을 곁들이면 든든한 식사로 즐길 수 있다. 스무디를 케토 식사로 적용한다면 코코넛 워터를 대신해서 코코넛 밀크나 견과 음료를 사용하면 된다. 보통 과일을 넣지 않고 햄프시드, 아마씨, 카카오 닙스, 스피룰리나, 강황, 치아시드 등 다양한 슈퍼푸드 재료를 넣기도 한다. 단맛을 내는 과일을 함께 갈지 않기 때문에 순수 스테비아를 쓰기도 한다.

## 우리가 즐겨 마시는 스무디 _4인 기준

캐슈 음료 두 컵과 물 두 컵, 브로콜리 두 줌, 바나나 2개를 넣어 곱게 갈아 마시는데 여기에 아이들은 메이플 시럽 2인 기준 반 큰 술을 더 넣기도 한다. 불려둔 견과가 있다면 한 두 큰 술 넣기도 하고 브로콜리 대신 시금치 잎을 넣기도 한다. 브로콜리는 생으로 먹었을 때 십자화과 채소가 가진 '설포라판'이라는 좋은 영양소를 섭취할 수 있는데 이렇게 스무디에 갈아서 마시면 색은 초록이지만 그 누구도 브로콜리가 생으로 들어갔다는 것을 모를 만큼 부드럽게 먹을 수 있다. 입맛에 따라 액체를 물 없이 견과류 음료로만 넣어도 좋지만 물 양과 견과류 음료 양을 절반 비율로 맞추면 목 넘김이 좀 더 좋다. 이 스무디는 포만감이 좋아서 약간의 과일과 함께 아침에 마시기에도 좋다. 일찍 일어나 학교에 가야 하는 아이들은 아침에 씹어 먹는 것을 싫어할 수도 있는데 스무디는 부드럽게 마실 수 있고 영양 밀도도 높아서 자라는 아이들에게 좋은 음료다. 견과류 음료를 시판 제품으로 쓰지 않는다면 오트밀이나 견과를 물에 불려 냉장고에 늘 두고 한두 숟갈씩 넣어 함께 갈면 된다. '설포라판'을 먹을 수 있는 이 훌륭한 스무디를 케토 스무디로 먹는다면 바나나와 시럽을 빼고 당이 없는 견과류 음료나 코코넛 밀크로 만들면 된다. 단맛은 순수 스테비아를 넣고 바나나의 걸쭉한 질감을 내고 싶다면 아보카도나 사차인치 가루를 추천한다.

## 우리가 즐겨 마시는 케토 스무디

코코넛 밀크와 물 1:1 비율, 햄프 프로테인, 울금, 사차인치, 불린 캐슈나 피칸 혹은 검은깨, 말차나 카카오 닙스를 넣어 부드럽게 갈아 마신다. 말차는 카페인이 있어서 아이들과 먹을 때는 재료를 바꾸는데 오전에는 카카오 닙스를 넣고 오후에 마실 때는 캐롭을 넣는다. 캐롭은 초콜릿 풍미가 있으면서 카페인이 없어서 아이들에게 좋다. 아이들이 더 달게 먹고 싶어 하면 순수 스테비아를 넣어주는데 단맛이 강해서 극소량만 넣어야 한다. 좋은 지방을 포함하고 당은 제한하는 이 스무디는 포만감이 대단해서 아이들이 학교에 가면 어른 둘은 가끔 점심을 건너뛰고 마시기도 한다.

**송재혁 농부님의 비트, 케일, 당근**
충북 청주
010.2460.1046

비트와 당근, 케일을 모두 재배하시기 때문에 녹즙용으로도 한 번에 이용할 수 있다. 달팽이도 함께 오고, 애벌레가 함께 오기도 한다. 벌레도 좋아하는 채소와 과일은 사람도 안심하고 먹을 수 있다는 뜻이다.

**최관호 농부님의 케일**
경기 여주
010.9153.1881

케일은 벌레가 좋아하는 잎이라 벌레 먹지 않은 케일을 유기농으로 만나기가 쉽지 않은데 예쁜 잎만 골라서 보내주신다. 케일 외에도 다양한 채소를 재배하신다.

## 코코넛 워터와 코코넛 밀크

좋은 코코넛 워터에는 설탕을 넣지 않는다. 포장 뒷면에 코코넛 워터 100% 인지 확인하고 선택하자. 코코넛 밀크는 요리와 스무디에 활용도가 좋아서 즐겨 사용한다. 농도가 진해서 물과 섞어 스무디에 넣기도 하고 수프나 커리에도 사용한다.

# 아이들이 채식을 선택한다는 것

아이들을 비건으로 키우는 것은 과학적 지식과 영양학의 이해가 필요하다. 인간의 몸은 복잡하며 아직도 밝혀지지 않은 부분이 더 많다. 성장기의 필요한 영양소는 성인과 다르다. 다시는 돌아오지 않는 생애 한 번뿐인 성장 시기의 아이들은 부모의 성향과 식습관으로 인해 많은 부분 영향을 받기 때문에 더욱 조심스럽다. 아이들을 건강하게 잘 키우려는 부모의 마음은 한결같기에 노력만으로 부족함을 느낀다. 세심한 관찰로 아이들의 몸과 마음, 생활과 태도까지 살펴야 하는 복합적인 노동이 요구된다. 채식만으로 아이를 건강하게 키울 수 있는지를 논하기 전에 식습관은 건강과 환경, 세상을 보는 가치관에 많은 부분 연관성이 있다는 것을 평소 아이들에게 이야기해 주면 좋겠다.

내 아이에게 몸에 좋다는 것을 챙겨주는 것도 중요하지만 좋지 않은 것을 피할 수 있는 교육이 연령과 상황에 맞게 가정에서 이루어진다면 좋겠다. 우리는 아이들에게 햄, 베이컨, 소시지 등의 가공육이 담배와 석면, 플루토늄과 함께 세계보건기구에서 1군 발암물질로 구분 지었다는 사실을 알려주었다. 설탕과 MSG가 뇌와 몸에 미치는 영향도 이야기한다. 제품 포장에 읽기 어려운 화학용어 같은 식품첨가물이 들었는지 원재료명을 함께 살피며 배우기도 한다. 고도로 가공된 식품들이 우리 몸에 어떤 영향을 미치는지, 식품회사에서 왜 음식에 설탕과 밀가루를 넣는지도, 글루텐은 왜 우리 몸을 힘들게 하는지를 함께 이야기한다. 아이들에게 무조건 음식을 제한하는 것이 아니라 논리적인 이해를 도와야 한다. 생선구이가 먹고 싶다는 아이에게 단지 채식이 아니라는 이유로 금기시하고 밥과 채소만 주는 것보다 수은 함량에서 안전하고 양식이 아닌 작은 어종을 선택해서 주는 것이 바른 방향이다. 아이뿐 아니라 가족에게도 강요가 아

닌 선택의 길을 열어 놓아야 한다.

채식영양연구소의 이광조 박사께서 발표한 어린이 채식 가이드에 의하면 식단을 짤 때 아래의 각 식품군에서 반드시 한 가지를 포함하면 탄수화물, 단백질, 지질, 비타민, 섬유소, 피토케미컬, 항산화제, 수분을 조화롭게 섭취할 수 있다고 한다.

<탄수화물, 불용성 섬유소> : 통곡물 (현미, 통보리, 통밀 등 도정하지 않은 곡류
<단백질, 지질> : 콩류, 종실류(해바라기씨, 들깨, 참깨), 견과류(호두, 피칸, 캐슈, 아몬드, 브라질넛, 마카다미아 등)
<미네랄, 수용성 비타민, 피토케미컬, 항산화제, 수분> : 채소류, 해조류, 과일류

위의 가이드 기준에 따라 아이들이 배가 고프지 않게 충분히 먹고 콩을 섞은 현미밥, 김과 미역 등의 해조류와 제철 채소를 활용한 국과 찬, 샐러드, 식간에 견과류와 제철 과일을 먹으면 영양에 대한 걱정은 어느 정도 줄어든다고 한다. 하지만 아이들마다 필요량이 다르고 식욕이 없거나 식사량이 적은 아이들도 있기 때문에 절대적인 원칙은 아니라는 점을 확실히 하고 싶다. 선천적, 환경적 요인에 따라서 영양제나 보충 식품이 필요할 수도 있다. 우리가 좋다고 여겼던 것이 누구에게나 적용되면 좋겠지만 우리 아이가 다른 집 아이와 신체적, 영양적 환경이 같을 수는 없다. 각 가정과 아이들에게 맞는 방법을 찾아가는 노력이 필요하다.

거듭 강조하고 싶은 점은 어른과 아이들은 반드시 음식물로만 섭취해야 하는 필수 아미노산도 다르고 영양 요구량

도 다르다. 뇌 발달과 성장에 필요한 영양소가 육류만으로는 보충되지 않듯이 채식을 어떻게 하느냐에 따라서도 아이들에게는 심각한 영양 결핍이 올 수도 있다. 해외 영양협회나 국가 보건 기구 등에서는 '잘 짜인' 채식이 모든 연령에 적합한 식사 선택이 될 수 있다고 하였지만 '잘 짜인'이라는 말에 우리는 조금 더 주의를 기울여야 한다. 생명을 사랑하고 환경과 건강을 위한다는 부모의 신념만으로 영양학적 이해 없이 아이들에게 채식을 강요해서는 안 된다.

우리는 밀가루나 글루텐이 들어간 음식은 피하고 곡류는 쌀과 수수를 주로 먹는다. 밥을 먹을 때 생김을 늘 함께 먹을 수 있도록 준비하고 톳을 제외한 다양한 해조류를 요리에 자주 활용한다. 해조류를 풍부하게 먹으면 견과나 씨앗만으로 체내 전환이 낮은 DHA와 EPA를 섭취할 수 있다. 필수 아미노산 중 식물에 상대적으로 적은 메티오닌은 브라질넛과 해바라기씨, 헴프 시드에 풍부하게 들어 있다. 헴프 시드는 스무디나 샐러드에 넣어 자주 먹는다. 물론 아이들이 건강한 방식으로 요리한 질 좋은 동물성 식품을 먹는다면 성장에 필요한 일부 영양소는 더 쉽게 섭취할 수 있다. 여기에는 '질 좋은 동물성 식품'과 '건강한 방식의 요리'가 전제되어야 한다. 아이들의 식사는 육식이냐 채식이냐가 아니라 어떤 음식을 얼마나 어떻게 먹느냐에 초점을 맞추어 접근해야 한다. 아이들의 성장과 건강을 위해 신중하게 선택한 적절한 양의 동물성 식품을 주는 것에 죄의식을 가질 필요는 없다. 반대로 동물성 식품은 절대 안 된다는 위험한 신념도 경계해야 한다. 아이가 육식 위주의 식습관을 가져도 감기에 걸릴 수 있듯이 잘 짜인 채식을 해도 아플 수 있다는 열린 마음이 필요하다. 채식을 해도 감기에 걸린다. 채식은 결코 아이들과 어른 모두에게 만병통치가 아니다.

아이들에게 식사를 더 신중하게 주면서부터 '*IgG* 테스트'라 부르는 '지연성 음식물 알러지 검사'를 받았다. 이 검사를 통해 가족 구성원 각각에게 민감한 음식 군은 가려서 식사를 준비한다. 검사 비용이 저렴하지는 않았지만 여러 식재료에 대한 면역반응을 살피는 검사이기 때문에 해 볼 가치가 있었다. 아이와 부모가 전혀 다른 음식에 면역 반응이 나오기도 한다.

어른도 다르지 않지만 아이들에게 식품첨가물을 먹지 않도록 하는 것도 중요하다. 누구나 건강한 음식과 식재료에 대해 배우고 누릴 권리가 있다. 하지만 현실은 그 반대다. 일부러 찾지 않으면 건강한 음식과 식사에 대해 배울 기회가 평생 동안 없으며, 좋은 식재료의 가치가 존중받지 못한 채 맛집의 배달음식이 식탁에 오른다. 내 아이가 채식으로 건강하게 잘 크고 있는지가 염려된다면 기능의학 전문의를 통해 정기적으로 아미노산 검사나 영양검사, 유기산 대사 균형 검사를 받아볼 수도 있다. 부디 채식이면 무조건 다 좋다는 접근이 아니라 알아가고 공부하며 특히나 아이와 함께 채식을 한다면 세심하게 신경 쓰기를 당부하고 싶다. 채식이냐 아니냐 와는 별개로 공장 축산과 양식 어류, 해산물의 중금속 농축, 가공식품과 설탕, 기름에 대한 바른 정보를 구하는 노력 또한 필요하다.

# 템페 카프레제 *Tempé Caprese* 와 제철의 토마토 응용

오래전 이탈리아 볼로냐에 출장을 갔을 때 처음 만난 현지 사업 파트너는 대단한 미식가였다. 덕분에 머무는 기간 동안 잊지 못할 미식 체험을 하게 되었다. 현지인들만 안다는 숨은 식당들을 여러 곳 가게 되었고 파트너의 집에 초대받아 이탈리아 가정식도 맛볼 수 있었다. 그중 기억에 남는 요리들은 모두 단순한 식재료로 차린 소박한 요리였다. 늦은 점심시간 즈음 가게 된 동네 구멍가게 같은 분위기의 한 식당에는 나이 지긋하고 배가 볼록 나온 할아버지 다섯 분이 소란스러운 대화를 나누며 식사를 이제 막 마친 듯 보였다. 허름한 식당인데도 음식은 매우 훌륭했다. 그중 카프레제를 잊을 수 없다. 각자 한 접시씩 카프레제를 받았는데 발사믹 드레싱은 없었다. 토마토와 치즈, 바질이 재료의 전부였다. 진한 초록색에 후추 향이 느껴지고 살짝 매운맛이 감도는 올리브 오일은 바닥에 흥건하게 깔려 토마토와 치즈를 적시고 있었다. 내가 맛본 가장 인상적인 올리브 오일이었다. 무르익은 토마토와 올리브 오일, 바질 잎 만으로도 한 접시의 요리는 이렇게 한 사람의 기억 속에 강하게 자리 잡게 되었다. 그런 기억을 떠올리며 치즈를 대신해서 템페를 생으로 얹어 카프레제를 즐겨본다.

카프레제는 토마토와 모차렐라치즈를 번갈아 드레싱을 얹은 이탈리아 샐러드를 말한다. 템페를 활용해서 치즈 없이 카프레제를 먹는다. 토마토 철이 되면 식전에 가볍게 먹을 수 있는 음식으로 즐겨 만드는데 불을 사용하지 않는 요리인데다 맛도 좋다. 요즘은 식당에서 사계절 카프레제를 먹을 수 있지만 카프레제 맛의 첫 번째는 토마토에 의해 결정된다. 제철의 무르익은 토마토는 겨울의 토마토와 완전히 다른 맛이다. 겨울에는 결코 맛있는 카프레제가 만들어질 수 없다. 이렇게 제철 재료가 맛의 전부인 요리들은 계절을

거스르는 재료로는 제대로 된 맛을 내기 어렵다. 카프레제를 먹을 때 또 한 가지 조심해야 할 것은 발사믹 식초다. 발사믹 식초는 그 강렬한 맛 때문에 매우 조심히 사용해야 한다. 어떤 음식에도 어울리지만 어떤 음식이나 같은 맛과 향을 내기도 한다. 과한 것은 안 넣는 것만 못하다는 말을 나는 발사믹 식초에 적용하고 싶다. 발사믹 식초는 상태가 조금 좋지 않은 채소를 굽거나 조릴 때 그럭저럭 맛을 올릴 수 있는 방법이지만 제철의 풍미 좋은 신선한 채소 요리에는 조심스럽게 사용하기를 권한다.

1. 토마토와 템페를 납작하게 썰고 바질은 잘게 손으로 뜯어둔다.

2. 템페에 물을 묻힌 후 영양 효모를 고루 묻힌다.

3. 접시에 토마토와 템페를 얹고 올리브 오일, 바질, 소금을 곁들인다. 취향에 따라 발사믹을 약간 더해도 좋다. 발사믹은 많은 양을 넣지 않도록 하자.

## 맛있는 토마토로 만드는 퐁듀와 콩포트

토마토가 제철이라 넉넉하게 샀다면 생으로도 먹고, 허브 드레싱과도 먹고 채소 겉절이에도 넣어보고 퐁듀와 콩포트도 만들어보자. 냄비에 오일을 두르고 마늘과 양파를 잘게 썰어 타지 않게 중 약불에 볶은 후 잘게 썬 토마토를 함께 볶으며 수분이 거의 없어질 때까지 졸인다. 소금과 후추로 간을 조절하면 가장 간단하게 만드는 토마토 퐁듀가 완성된다. 스페인과 국경을 접하는 프랑스 남서부 지역에서 오믈렛과 곁들이는 토마토 퐁듀는 특별한 메인 요리 없이도 빵에 얹거나 삶은 감자와 함께 먹어도 좋다. 토마토와 감자의 제철이 비슷해서 함께 먹기에도 좋다.

토마토 퐁듀를 좀 더 세심하게 만들 수도 있다. 십자 칼집을 내어 데친 토마토의 껍질을 벗기고 씨를 뺀 후 재료를 볶아서 160도 정도의 오븐에서 수분이 완전히 없어질 때까지 가열하는 방법이다. 어떤 방법으로 만들어도 토마토가 무르익어 진한 붉은색이 되는 철에는 토마토 퐁듀가 맛있게 만들어진다. 빵에 얹어 먹기 전 쌉싸름한 풍미의 올리브 오일을 뿌린다.

토마토 콩포트는 피퍼라드 *Piperade*라고 불리기도 하는데 마찬가지로 남프랑스와 스페인 지역에서 토마토와 양파, 피망을 넣고 푹 익힌 요리다. 퐁듀에 초록 피망을 추가해서 요리하면 되는데 나는 주로 빨간 피망을 사용해서 붉은색으로 통일한다. 양파와 피망, 토마토를 잘게 썰어 마늘을 미리 볶아 향을 낸 냄비에 넣고 무르게 푹 익히면서 수분이 사라질 때까지 졸인다. 카옌페퍼와 소금, 후추로 간을 맞춘다. 정통 방식은 아니지만 훈제 파프리카 가루를 약간 넣어 풍미를 더하기도 한다. 퐁듀나 콩포트를 넉넉하게 만들어 두면 파

스타나 뇨끼 등을 삶아서 가볍게 버무려 먹어도 맛있다. 바삭하게 구운 빵에 아보카도와 곁들여도 잘 어울린다.

### 진한 토마토 수프
진한 감칠맛의 토마토 수프는 토마토가 뜨거운 태양에 무르익는 여름에만 만들 수 있다. 그 외 계절에도 토마토를 살 수는 있지만 붉은빛이 진하게 돌고 터지기 직전인 상태의 토마토만이 수프를 만들었을 때 깊은 맛이 나는데 철이 지나서 토마토 수프를 만든다면 캔에 담긴 이탈리아 홀토마토를 사용하는 것이 좋다. 이 수프 요리는 만들기가 매우 쉽고 가스파초처럼 가열하지 않고 차게 먹어도 되고 따뜻하게 데워 먹어도 좋다. 재료를 모두 한 번에 넣고 갈아주기만 하면 끝이다. 잘 익어 껍질이 얇고 곧 터질 것 같은 토마토와 건조 토마토, 아보카도, 양파, 마늘, 바질을 모두 넣고 블렌더에 곱게 갈아준다. 걸쭉한 점도는 취향에 맞게 물을 넣어가며 조절하고 소금과 후추로 간을 마무리한다. 토마토는 사람당 2개에서 3개 정도, 건조 토마토는 반개 정도에서 입맛에 맞게 가감하고 아보카도는 사람당 반개 정도가 적당한데 1인분 양은 사람마다 다르니 더 넣을지는 결정하면 된다. 양파, 마늘은 약간의 풍미와 감칠맛을 더하기 위한 재료로 많은 양을 넣지 않고 두 사람 기준으로 마늘 한 조각, 양파 1/4 조각 정도면 충분하다. 바질은 원하는 만큼 넣자. 재료의 양은 모두 대략적인 기준이니 먹는 양과 입맛에 따라 조절하면 된다. 따뜻하게 먹을 때는 끓이지 말고 약불로 따뜻할 정도로만 약하게 데워 먹어야 맛있다.

### 발리니스 템페 볶음의 추억
아이들과 함께 발리의 정글 속에 있는 쿠킹클래스에 참여했다. 텃밭에서 요리에 쓰일 채소를 고르고 직접 수확해서 사

용한다. 낯선 식물들을 관찰하는 재미가 좋았다. 아이들은
텃밭을 뛰어다니며 강아지와 함께 놀았던 추억을 손꼽는다.
발리니스 전통 음식인 달콤하고 고소한 템페 볶음은 우리에
게 또 하나의 맛있었던 음식으로 기억된다. 여행지에서 가
족이 요리를 함께 하는 시간은 훗날 아이들에게 따뜻한 위
로 금고가 될 것이다. 우리가 적극적으로 아이들과 함께 식
사를 준비하는 이유다. 발리의 쿠킹클래스에서 만들었던 땅
콩 소스 템페 볶음은 바삭하게 구운 템페에 땅콩 소스를 버
무려 먹는 요리였다. 코코넛 밀크, 라임즙, 곱게 빻은 땅콩,
원당과 소금을 넣고 걸쭉하게 졸인 소스는 템페의 고소한
맛을 돋보이게 했다. 빻은 땅콩 대신 첨가물이 없는 땅콩버
터를 활용해도 된다. 원당을 넣지 않아도 땅콩과 코코넛 밀
크가 만나 유혹적인 맛의 요리가 된다. 만약 땅콩을 먹지 않
는다면 참깨 페이스트로 대신하면 된다. 꾸덕꾸덕한 고소함
이 땅콩버터와 비슷하다. 템페 볶음은 케토 식사로도 좋다.
이 원고를 쓰다 보니 템페 볶음이 먹고 싶어진다. 내일은 아
이들과 그때를 기억하며 템페 볶음을 만들어봐야겠다.

## 템페

콩은 한국인의 입맛에 잘 맞는 음식이다. 된장, 청국장, 두부
등 한국인은 콩을 다양하게 즐긴다. 템페 역시 콩을 발효한
음식으로 우리에게 부담 없이 다가왔다. 다양한 요리가 가
능한데 특히나 기름에 튀긴 템페는 고소한 맛이 배가 된다.
기름에 튀기면 신발끈도 맛있다는 전설은 괜한 말이 아니
다. 템페는 인도네시아의 전통 발효 식품으로 그 역사가 천
년이 넘었다고 한다. 콩과 템페 균만으로 만드는데 단단하
고 고소한 식감이 있다. 발효균 외에는 다른 재료가 들어가
지 않기 때문에 식품첨가물의 걱정도 없다. 템페는 생으로
도 익혀서도 먹을 수 있다. 익히지 않은 템페에는 고유한 향

과 감칠맛이 있으니 생으로 먹는 것도 시도해보면 좋겠다. 여름에는 냉동 보관하다가 냉장고에서 해동 후 먹을 수 있다. 한국에서도 인터넷이나 새벽배송으로 템페를 구입할 수 있다.

**이인석 농부님의**
**흐뭇농장 토마토**
**경북 상주**

*010.8886.3257*
*010.6275.6469*

매일 잘 익은 토마토를 아침에 수확해서 보내신다. 8월 초까지만 주문이 가능한데 익는 속도에 따라 배송기간이 2~3일 걸리는 경우도 있다. 미리 따서 후숙하지 않고 농장에서 바로 보내주는 만큼 신선한 토마토를 만날 수 있다. 유기 인증번호를 통해 국립농산물 품질관리원에서 농부 정보와 재배품목을 확인할 수 있는데 흐뭇농장에서는 감자와 감, 들깨, 고추 등도 재배품목에 있었다.

**변우진 농부님의 방울토마토**
**충북 충주**

*010.8523.8651*
*010.8245.8457*

**김제훈 농부님의**
**대저 짭짤이 토마토**
**부산**

3대째 토마토 재배를 하는 가족농장이다. 대저토마토라고 이름이 붙여진 토마토는 바다와 강이 만나는 삼각주 지역인 부산 대저동에서만 생산되는 지역 특산물이라고 한다. 모종을 구해서 심어도 이 지역을 벗어나면 땅이 달라 대저 짭짤이 토마토 고유의 맛이 나지 않는다고 한다. 이곳을 통해서 대저토마토와 대저 짭짤이 토마토도 다르다는 것을 알게 되었다. 대저 짭짤이 토마토는 토마토 꼭지 반대쪽에 연한 선이 많이 있는데 붉어지면서 점점 선이 사라진다고 한다. 짭조름하고 단단한 토마토의 맛은 그 자체로도 맛이 좋아서 생으로 즐겨 먹게 된다.

**이용재 농부님의
대저 짭짤이 토마토
부산 해오름 토마토 농장**

*051.442.2470
070.4610.0048*

집에 오신 지인께 대저 토마토를 내어 드렸다. 토마토를 좋아해서 자주 사 먹는데 이렇게 맛있는 토마토는 처음이라며 농부님 연락처를 받아 가셨다. 농부님의 토마토는 자주 먹고 싶어도 금방 판매가 끝나서 아쉽다. 토마토 판매가 끝나면 다시 먹을 수 있는 계절을 기다리게 된다. 아쉽기도 하지만 '기다림'의 시간도 좋다.

# 콩과 채소 수프

마음을 담아 끓인 수프 한 그릇은 사람들에게 위안을 준다. 내가 끓인 수프를 먹고 왠지 모르게 울컥하고 눈물이 날 뻔했다는 지인의 말을 들었다. 우리는 모두 마음에 아물지 않은 슬픔을 가진 존재다. 수프는 그곳에 호호 입김을 불어주는 위로가 될 것이다. 넉넉하게 끓이고, 사랑하는 사람들과 나누어 먹으며 녹녹치 않은 우리 모두의 삶을 토닥여주자.

렌틸콩은 불리지 않아도 익는 시간이 짧아 수프 끓이기 좋은 재료다. 렌틸콩과 토마토를 기본으로 다양한 수프를 끓일 수 있는데 수프만으로도 든든하게 식사할 수 있고 찐 감자나 고구마, 빵과 곁들여도 좋다. 재료에 구분을 두지 말고 다양하게 넣어보자. 버섯이나 생허브를 넣어도 맛있고, 양파와 감자도 빼놓을 수 없다. 대파만 듬뿍 넣어 끓일 수도 있고, 양배추를 넣을 수도 있다. <돌멩이 수프> 동화 이야기처럼 수프는 많은 것이 들어가도 좋고, 소박한 재료 몇 가지만으로도 맛있게 탄생한다.

걸쭉한 수프를 원할 때는 재료가 모두 익은 후, 곡물가루(현미가루, 찹쌀가루, 옥수숫가루, 수수 가루, 감자 가루)를 찬물에 풀어 섞어주면 된다. 아래의 레시피를 기본으로 코코넛 밀크와 생강, 라임, 고수를 넣고 렌틸콩을 빼면 태국식 코코넛 수프를 만들 수 있다.

1. 넉넉한 냄비에 충분한 물 양으로 렌틸콩, 다시마 전장, 감자, 양파, 샐러리, 토마토, 마늘, 대파 등을 넣어 끓인다. 다시마 대신 채수용 고형 양념을 넣어도 된다. 끓기 시작하면 불을 낮추고 재료가 푹 익도록 뭉근하게 익힌다.
2. 잎채소를 넣는 경우 재료가 거의 익었을 때 따로 넣는다.
3. 불에서 내리기 전 소금이나 간장, 후추로 간을 맞춘다. 입맛에 따라 카엔페퍼, 치폴레를 넣어도 좋다.

## 피망 수프

붉은색의 피망이나 파프리카를 사람 수만큼 준비해서 씨를 빼고 팬에 굽는다. 소금, 후추로 가볍게 간한 뒤 식힌다. 잘 익은 토마토를 사람 수만큼 준비하고 반컵의 화이트 와인, 이탈리안 파슬리 2~3줄기, 마늘 2~3쪽, 채수 한 컵을 모두 넣고 블렌더에 곱게 갈아준다. 물 양을 조절하고 냄비에 옮겨 한번 끓인 후 소금, 후추로 간을 더한다. 먹기 전 레몬즙이나 발사믹 식초를 입맛에 맞게 넣는다. 색이 붉게 나오는 이 수프는 피망을 대신해서 비트를 구워 만들 수도 있다. 잘 익은 토마토가 없다면 캔에 담긴 홀토마토를 사용하거나 말린 토마토를 활용할 수도 있다. 말린 토마토를 쓰는 경우 사람당 토마토 한 개 분량을 동일하게 사용한다. 채수를 넣거나 고형 채소 부이용을 넣어도 되고 없다면 재료를 준비하는 동안 다시마를 넣고 물을 가볍게 끓여서 넣자. 블렌더에 넣을 때는 반드시 충분히 식혀야 한다.

## 똠얌 수프 *Vegan Tomyum*

똠얌 수프에는 양파보다 작고 단맛이 강한 샬롯과 피시소스가 들어가지만 샬롯은 양파로 대신하고 여러 재료를 활용해서 피시소스 없이 만들 수 있다. 깊이가 있고 바닥이 두꺼운 넉넉한 냄비에 코코넛 오일을 두르고 다진 생강, 다진 마늘, 그린 커리 페이스트 한 큰 술, 가늘게 썬 양파, 매운 고추 1~2개를 썰어 타지 않도록 볶는다. 모든 재료는 매운맛을 원하는 정도에 따라 조절하면 된다. 양파와 마늘이 익고 향이 올라오면 으깨듯이 잘게 썬 토마토 1~2개를 넣고 약간 더 볶다가 채수를 부어준다. 채수는 다시마 물, 채수, 채소 부이용을 사용할 수 있다. 만약 레몬그라스를 생으로 구입할 수 있다면 한 줄기 넣어 함께 센 불로 끓인다. 재료가 어우러지고 끓으면 불을 중약 불로 줄이고 코코넛 밀크를 넣는데 2~3인

기준으로 반컵 정도 넣는다. 코코넛 밀크를 얼마나 넣을지는 입맛에 따라 자유롭게 하되 많이 넣으면 국물이 탁해서 수프가 걸쭉해지니 적당량을 조절해서 넣는다. 간장으로 간하고 맛을 본 후 입맛에 따라 메이플 시럽이나 코코넛 설탕 혹은 사탕수수 원당을 약간만 넣어도 된다. 고수가 있다면 얹어 내고 라임즙을 듬뿍 뿌린다. 나는 네 식구 기준 라임즙을 2개 분량 넣는다. 똠얌 수프는 생두부와도 곁들여 먹기에 좋고 두부나 템페를 구워 곁들여도 좋다. 쌀면을 따로 삶아 찬물에 담갔다가 수프에 넣어 먹을 수도 있다. 이렇게 만드는 똠얌 수프는 가장 기본 조리법이고 여기에 호박, 버섯 등 부피가 있는 채소들로 다양하게 끓일 수 있다. 똠얌 수프의 간을 짜지 않게 맞추고 면이나 밥 없이 먹어도 좋다. 케토 식사를 한다면 곤약면을 넣고 단맛을 내는 설탕은 뺀다.

### 그린 커리 페이스트

서양식 양파인 샬롯과 녹색 고추, 레몬그라스, 마늘, 커민, 생강 등으로 만든 반죽 질감의 농축 양념이다. 단독으로 코코넛 밀크를 더해 커리를 만들 수도 있고 태국식 수프에 양념으로 쓰기에도 좋다. 매운맛을 좋아하는 정도에 따라 양은 조절해서 사용하면 된다. 온라인이나 마트에서 쉽게 구입할 수 있다.

### 볶은 채소 향의 밤콩 수프

수프에 진한 맛을 더하기 위해 활용하는 방법이다. 재료를 모두 넣고 한 번에 끓이지 않고 미리 채소를 볶는다. 양파와 당근을 잘게 썰어 냄비에서 오일과 함께 소금 간을 한 후 볶는다. 소량의 물을 넣고 뚜껑을 덮어 약불로 익힌 후 물이나 채수, 미리 삶아 둔 콩을 넣어 한 번 더 푹 끓인다. 모든 재료를 핸드블렌더로 갈아서 걸쭉하게 만들어도 좋고 넉넉한 물 양으로 맑은 수프처럼 즐겨도 좋다. 만들어 둔 페스토가 있다면 수프와 함께 곁들여도 잘 어울린다. 페스토는 처빌, 바질, 이탈리안 파슬리 등으로 만들고 허브의 종류를 조금씩 섞어도 괜찮다. 잣이나 아몬드, 피칸, 해바라기씨 등과 올리브 오일, 소금, 후추를 함께 넣어 곱게 갈아주는데 절구를 이용해서 거친 식감으로 만들어도 괜찮다. 페스토가 익숙하지 않다면 생마늘을 함께 넣고 갈아도 맛이 좋다. 나는 주로 페스토의 기름진 맛을 보완하기 위해 수막 가루와 카옌페퍼, 치폴레(훈연 건조한 멕시코 고춧가루)를 조금씩 넣는다.

**라온농장 김진민, 김지영 농부님의 아주까리 밤콩**
충북 괴산
*010.7413.8008*

삶은 밤과 맛이 비슷해서 아이들도 좋아한다는 아주까리 밤콩이다. 병아리콩으로 만들 수 있는 팔라펠과 후무스는 밤콩으로 만들어도 맛이 좋았다. 정성으로 키우고 손으로 한 알 한 알 선별해서 보내주신 밤콩은 밥에 넣어 먹어도 부드럽고 아이들도 좋아했다. 12월 중순이 훌쩍 넘었을 때, 농부님으로부터 첫 주문을 받는다는 소식이 왔다. 넉넉한 양을 주문하고 겨울 동안 감사히 먹었다.

아주까리 밤콩 수프에 처빌 페스토를 얹었다.

## 팥

콩을 사용하는 요리에 종종 팥을 쓰기도 한다. 팥을 밥에 조금씩 더해서 먹을 때는 미리 불렸다가 넣는다. 처음 끓인 팥물을 그대로 쓰면 쓴맛이 남기 때문에 팥죽이나 팥을 주재료로 사용할 때는 한번 우르르 끓인 후 첫 물을 버리고 다시 새 물을 채워 요리한다. 여러 해 동안 느끼지만 좋은 국내산 팥 찾기는 늘 어렵다. 서석곤 농부님의 팥을 알고 주문을 했던 첫해, 이미 팥이 다 팔렸다며 품절 소식을 받았다. 1년을 기다려 받게 된 팥은 색과 향이 진해서 겨울 동안 팥죽과 팥앙금을 만들어 먹었다. 냉장고에 보관하면서 밥을 지을 때 조금씩 넣기도 하고 콩 수프를 끓일 때 넣기도 한다. 한천가루(우뭇가사리 말린 가루)를 넣어 삶은 팥을 곱게 갈거나 거칠게 으깬 후 단맛을 더해서 냉장고에 넣어 식히면 팥 푸딩을 먹을 수 있다. 나는 팥 푸딩을 차게 식힐 때 코코넛 밀크를 약간 더해서 부드러운 맛의 푸딩을 즐긴다.

**서석곤 농부님의 지리산 쌀,
팥, 들깨, 자색땅콩**
전북 남원
*010.2661.8259*

지리산 산골 산내마을은 대규모 농사가 불가한 지역이라고 한다. 농부님 말씀에 의하면 평야에서 100마지기(2만 평) 정도 지으면 '겨우 농사 좀 짓는다'라고 하는데 산내 산골에서는 10마지기만 지어도 '그 집 농사 좀 짓는다'라고 한다. 작물마다 재배량이 많지 않아서 주문이 어렵지만 농부님의 팥은 진한 맛이 일품이다. 유기농산물 인증번호에 의하면 농부님은 이 외에도 10여 가지 작물을 재배를 하신다. 가을에 땅콩 주문이 가능하고 11월에 팥 주문이 가능했다.

# 크림 수프

암스테르담의 차가운 바람에 등이 시린 날, 우리가 자주 찾았던 수프 가게가 있었다. 따뜻한 수프 한 그릇으로 몸과 마음이 회복되는 소박하고 작은 식당이었다. 굳게 다문 입술에 무뚝뚝한 인상의 주인은 코가 빨개진 우리에게 수프를 가득 퍼 주었다. 우리가 좁은 테이블에 앉아 수프를 먹으며 몸을 데우는 동안 주인아주머니가 커다란 칼로 양파를 다듬는 모습을 보곤 했는데 그 집 맛의 비밀이 넉넉한 재료에 있다는 것을 알게 되었다. 큰 냄비에 양파가 아주 많이 들어갔다. 채윤

겨울이 오기 전, 대파를 듬뿍 넣고 대파 수프를 자주 끓인다. 찬바람이 불기 시작하는 10월과 11월에 대파 수프를 자주 먹다 보면 겨울이 오는지도 모르게 그 해 겨울은 추위를 덜 타게 된다. 대파 수프 덕분인지 겨울 동안 가족들은 감기가 없었다. 출근하기 전, 학교 가기 전, 따끈한 수프가 오늘을 살아갈 힘을 준다.

전통적인 크림수프는 우유나 버터, 유크림, 밀가루 등으로 고소한 맛을 낸다. 이런 재료 없이 맛있고 건강에도 좋으며 살찔 걱정도 없는 크림수프를 만들 수 있다. 다시마 우린 물, 천연소금, 콩물을 기본으로 다양한 크림수프 응용이 가능하다. 콩물 대신 코코넛 밀크를 사용하면 케토 식사로 만들 수 있다. 대파, 양파, 양송이, 완두콩, 단호박, 고구마, 감자, 쑥, 팥, 시금치, 옥수수 등 철에 맞는 채소나 곡식 한 가지를 넣어 끓인다. 여러 재료를 섞지 않고 한 가지 재료로만 끓여야 맛있는 수프를 먹을 수 있다.

물과 콩물의 비율은 1:1 기준으로 취향에 따라 콩물을 더할 수 있다. 코코넛 밀크도 마찬가지다. 콩물의 양이 많을수록

수프 맛이 농후해진다. 물과 다시마, 재료를 넣고 재료가 익을 때까지 푹 끓인 후 콩물은 마지막에 더해서 한 번 더 끓인 후 간을 한다. 다시마 우린 물 대신 다시마 가루를 활용해도 된다. 재료가 모두 익으면 핸드블렌더로 갈거나 믹서기에 옮겨 곱게 갈아주면 끝이다. 믹서기에 갈면 잔잔한 거품이 자연스럽게 만들어져 좀 더 부드러운 수프를 즐길 수 있다. 시간이 허락한다면 수프 재료 일부를 굽거나 쪄서 수프 위에 얹어도 좋다.

1. 원하는 수프 양의 절반만큼의 물, 다시마, 채소를 함께 끓인다.
2. 물이 끓으면 다시마를 건지고 채소를 충분히 익힌다. 건더기로 남길 채소 일부를 빼내고 핸드블렌더로 곱게 갈아준다. 채소를 남기지 않고 모두 갈아도 된다.
3. 콩물이나 코코넛 밀크를 더하고 한 번 더 빠르게 데운 후, 소금으로 간한다.

## 몸이 뜨거워지는 코코넛 밀크 당근 수프

채수나 다시마 우린 물 혹은 채소 부이용을 넣은 물에 당근과 생강 약간을 잠길 정도로 부어 끓인다. 당근이 무르게 익으면 블렌더로 곱게 갈아준다. 수프 양의 절반이나 1/3 정도의 코코넛 밀크를 더해서 중약불에 다시 한번 끓인 후 소금, 후추로 간한다. 이 당근 수프는 오븐에 구운 고구마에 시나몬을 뿌려 함께 먹어도 잘 어울리고 입맛에 따라 당근 수프에 약간의 시나몬을 더해 먹어도 좋다. 단맛을 제한하지 않는다면 수프를 먹기 전 말린 과일을 넣어도 맛있다. 곡물빵과도 잘 어울리며 살짝 익힌 브로콜리에 레몬즙과 올리브오일을 얹어 수프와 먹으면 훌륭한 케토 식사가 된다.

## 폴렌타와 잎채소 수프

폴렌타는 북이탈리아의 소박한 가정 요리로 시판 폴렌타 가루나 곱게 빻은 옥수숫가루만 있다면 쉽게 만들 수 있다. 바닥이 두꺼운 냄비에 오일을 두르고 다진 마늘을 약불로 익힌다. 마늘이 타지 않도록만 주의하면 되는데 마늘향이 은은하게 올라오면 잘게 썬 양파를 더해서 양파 색이 바뀔 때까지 중불로 볶아준다. 양파가 무르게 볶아지면 준비한 채수나 다시마 물 혹은 물과 채소 부이용을 넣고 센 불로 끓인다. 물이 끓으면 여기에 옥수숫가루를 더해서 냄비에 들러붙지 않도록 가끔씩 저어주면서 약불에 20~30분 정도 뭉근하게 끓인다. 옥수숫가루가 푹 익어서 부드러워지면 준비한 잎채소를 잘게 썰어 더하고 부드러워질 때까지 잠시 더 익힌다. 소금과 후추로 간해서 마무리한다. 잎채소는 시금치나 근대, 루꼴라, 케일 등 색이 진한 초록 잎을 사용하면 잘 어울린다. 물과 옥수숫가루의 비율은 냄비와 화력에 따라 차이가 있지만 대략 가루 100g에 물 1리터 정도로 맞추면 된다. 질감은 입맛에 맞게 물을 더 넣어 조절하면 되고 좀 더

부드러운 맛을 내기 위해서는 물과 콩물을 섞어 넣어도 좋다. 폴렌타 수프는 마무리에 통후추를 넉넉하게 갈아 곁들이면 풍미가 좋고 구운 채소를 곁들여 먹어도 잘 어울린다.

## 콩물

요즘은 시판 콩물도 다양해서 쉽게 구입할 수 있다. 콩을 삶아 착즙기에서 내리면 콩물과 비지찌개용 건더기를 따로 얻을 수 있는데, 이 과정이 번거롭다면 시판 콩물을 사용할 수도 있다. '소이퀸'에서 판매하는 진한 콩물 제품을 종종 이용한다. 소금이나 첨가물 없이 *non GMO* 국산콩으로 만든다고 한다. 지역 조합 식품점에서도 좋은 콩물을 살 수 있다.

# 콥 샐러드와 크림 드레싱

요리의 시작은 샐러드라고 말하고 싶다. 아무리 요리를 못한다고 해도 채소를 잘 씻고 다듬는 일은 할 수 있다. 샐러드는 처음으로 요리를 시작한 남자들이 시도해볼 만하다. 유기농 채소를 씻다 보면 달팽이나 애벌레를 자주 만나게 된다. 너희들이 먹을 수 있는 것이니 우리도 안심하고 먹을 수 있겠다. 채소를 잘 씻고 다듬는 일이 요리의 시작이며 끝이다. 드레싱은 덤이다. 채윤

콥 샐러드(Cobb Salad 주방에서 남은 재료들을 잘게 썰어서 만드는 샐러드)나 시저 샐러드(Caesar Salad 로메인 상추에 치즈를 올리고 드레싱 하는 샐러드)를 싫어하는 사람은 드물 것이다. 식물성 재료를 이용해서 드레싱을 준비하면 집에서도 맛있는 콥 샐러드를 즐길 수 있다. 샐러드에 잎채소뿐 아니라 삶은 콩, 토마토, 찐 감자나 고구마, 단호박을 더해도 좋다. 오이나 파프리카 등 열매채소도 듬뿍 넣어보자. 아래의 세 가지 드레싱은 콥 샐러드(채소를 큼직하게 썰어서), 촙샐러드(잎채소를 잘게 썰어서), 시저샐러드(로메인이나 상추, 양상추 잎으로)와 곁들일 수 있고, 생채소를 찍어 먹을 수도 있다. 샌드위치에 소스로 활용할 수도 있고, 카나페 소스로도 적합하다. 좋아하는 소스 한두 가지를 익혀두면 무한대로 응용이 가능하다. 소스를 여러 번 만들어보면서 자기만의 레시피를 만드는 것이 좋다. 계량 없이 그때그때 맛을 보며 적절하게 가감해도 좋다.

소스의 메인 재료는 캐슈 Cashew를 사용한다. 불린 호박씨를 섞어도 괜찮다. 마요네즈나 드레싱을 만들 때 캐슈 대신 두부를 사용할 수도 있고 아보카도를 물과 함께 농도를 맞추어 쓸 수도 있다. 두부는 사용하는 응고제가 천연 간수인지 확인하고 선택하자.

## 샐러드를 쉽게 먹을 수 있는 식재료 준비

1. 토마토나 파프리카, 오이, 샐러리 등 무게감 있는 채소들을 즐겨 구입한다.

2. 실온에서 한두 시간 콩을 불리고 전기밥솥에 찜기능으로 40~50분 익혀 냉장 보관
한다. 삶은 콩은 1주일 정도 보관할 수 있으니 넉넉하게 삶아도 좋다. 렌틸콩, 병아
리콩은 샐러드 식사에 좋은 구성이 된다.

3. 소스를 한번 만들 때 넉넉하게 만들자. 대부분의 소스는 냉장보관 4~5일 정도 가능
하다.

4. 상추나 케일, 로메인 등 잎채소는 미리 씻어 밀폐용기에 담아 냉장 보관하면 아삭
하게 먹을 수 있다. 봄철의 토종 나물 채소는 미리 씻으면 물러지니 먹기 바로 전에
씻는다.

## 기본 크림 드레싱

1. 드레싱을 만들기 전 채소를 준비하자.

2. 캐슈를 최소 4시간 이상 물에 불린다. 밀폐용기에 물과 캐슈를 넣어 항상 냉장 보관 하면 쉽게 준비할 수 있다. (불린 캐슈 냉장 보관 1주일) 두부를 사용하는 경우 물 양을 미리 줄여야 하고, 아보카도를 캐슈 대신 사용할 경우 물을 더 넣어야 한다.

3. 불린 캐슈 한 컵, 캐슈 절반 양의 물, 양파 가루와 마늘 가루는 한 작은 술씩, 소금, 레몬즙을 넣고 블렌더에 곱게 갈아준다. 불린 캐슈 한 컵 분량에 레몬은 1개분 즙을 넣는다. 올리브 오일은 함께 넣고 갈아도 되고, 먹기 전 샐러드에 넣어도 좋다. 레몬 즙이 없다면 사과식초나 와인식초를 사용해도 좋다. 레몬즙을 사용하면 풍미가 좀 더 좋아진다.

4. 소금으로 간을 맞추고 후추를 더한다. 영양 효모 한 작은 술(선택사항)

## 허브 크림 드레싱

1. 불린 캐슈 한 컵, 캐슈 절반 양의 물, 소금, 후추, 식초, 머스터드, 마늘 가루 소량씩, 레몬즙 한 개 분량을 블렌더에 곱게 갈아준다. (물 양은 좋아하는 점도에 따라 조절 하자.)

2. 좋아하는 생허브(이탈리안 파슬리, 바질, 오레가노, 타임, 처빌 등) 한 줌을 다져서 위의 재료와 섞는다. 생허브가 없다면 다진 실파를 활용해도 좋다. 아보카도 반 개 정도를 함께 갈면 더 되직한 소스가 된다.

## 토마토 크림 드레싱

1. 불린 캐슈 한 컵, 캐슈 절반 양의 물, 건조 토마토 5~6조각, 레몬 반 개 분량의 즙, 머스터드 한 작은 술을 블렌더에 넣고 곱게 갈아준다.

2. 양파와 샐러리를 소량 다져 함께 섞는다. 고춧가루나 카옌페퍼를 더하면 매콤한 맛을 낼 수 있다.

**우리가 좋아하는 생호박과 오이 샐러드**

생호박과 오이를 슬라이스 채칼로 얇게 저미듯이 자르고 작은 볼에 라임즙, 소금, 후추, 간 생강 약간을 넣고 잘 섞어 준다. 넓은 접시 위에 생호박과 오이를 넉넉하게 얹고 볼에 섞은 드레싱을 뿌려 준 후 먹기 전 식탁에서 신선한 올리브 오일과 손으로 잘게 뜯은 고수, 잣을 뿌려 먹는다. 이 샐러드는 생호박과 오이를 대신해서 아삭한 식감의 양상추나 버터 헤드 레터스, 비타민, 어린 시금치 잎을 넣어 응용할 수도 있다. 대단한 준비를 하지 않아도 샐러드가 얼마나 향과 맛이 좋은지 경험해보셨으면 좋겠다.

기본 크림 드레싱을 넣은 잎채소와 생아스파라거스

**채소생활**
충남 홍성
*010.2220.4553*

'채소생활'의 꾸러미는 이국적인 채소밭을 선물 받는 기분이다. 마트에서 보기 힘든 어여쁜 모양의 열매채소와 다양한 허브, 샐러드 채소들로 구성되는데 요청해서 자유롭게 꾸릴 수 있다. 마음이 예쁜 농부님은 꾸러미마다 농장 꽃들을 함께 보내주시는데 받을 때마다 채소와 꽃들로 프러포즈를 받는 기분이다. 특히나 세심하게 챙기고 연락을 주시는 농부님의 마음에 매번 감화 받곤 한다. 소규모 농장이라 작물 양이 많지 않고, 계절별로 작물과 꾸러미 가능 여부가 다르니 사전에 확인이 필요하다. 우리 집 식탁은 '채소생활' 농부님의 손길 덕분에 계절마다 채소가 주는 아름다움을 만끽하고 있다.

채소생활에서는 식용꽃과 제철 채소, 허브를 고루 받아볼
수 있다. 농부님들께 과일과 채소를 받을 때마다 짬을 내서
감사를 전한다. 자연과 가까이하는 농부님들은 마음도 부자
다. 받는 이가 행복한 만큼 농부님도 행복하셨으면 좋겠다.

MMS
오전 11:30

어여쁘신 농부님, 마음으로 주시는 귀한 아이들
덕분에 식탁이 늘 풍성해요. 항상 감사드리고
MMS   있어요. 꽃이 있는 접시, 매번 감사하다며 되뇌이고
오전 11:31   있습니다.

선생님ㅠㅠㅠㅠ 너무너무 감사합니다! 늘 선생님
감사 문자에 고된 일도 싹 사라져요!!!! 정말 매번
감사합니다🖤
오후 1:36

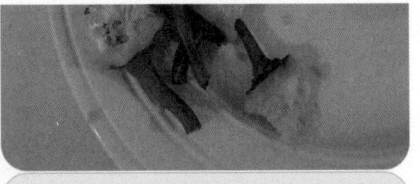

MMS
오전 11:42

어제 받자마자 아이들이 많이 먹었어요.

와아😊 아이들이 좋아한다니 기뻐요! 내년엔 아이들이 좋아할만한 채소작물들을 더 길러봐야겠어요!

오후 12:13

2019년 10월 21일 월요일

하라님 파프리카가 이번에 마지막 수확이 될 것 같은데 보내드릴까요? 롤라상추, 파프리카, 베이비아스파라거스, 방울토마토, 버터헤드레터스 있어요!

MMS
오전 8:29

선생님 안녕하세요. 좋은 아침입니다. 모두 보내주시면 또 맛있게 먹겠습니다. 월요일 아침 기쁜 소식에 새 한주도 감사히 보내야겠어요. 챙겨주셔서 고맙습니다.

MMS
오전 8:31

네 감사합니다 선생님 좋은 한 주 되세요! 배송하고 다시 연락드릴게요🖤.

오전 8:32

**정대성 농부님의
미니 단호박**
전남 함평

6월부터 여름까지 맛볼 수 있는 작은 사이즈의 단호박이다. 집에 오신 지인들도 맛있다고 좋아했다. '친환경팔도' 웹사이트에서 구입할 수 있다.

**박경순 농부님의
미니 단호박**
충남 홍성

7월 초에 첫 수확을 하고 숙성 후 소비자에게 판매를 시작한다. 단정한 박스에 정성스럽게 보내주신다. 그 뒤로 박스가 바뀌긴 했지만 여러 박스째 먹고 있다. 소량의 물을 넣고 껍질째 밥솥이나 무쇠냄비에 찌면 맛있는 간식이 된다. '논밭상점'을 통해서 구입할 수 있다.

박경순 농부님의 단호박에는 친환경 인증정보와 농부님 이야기가 담겨 있었다.

부리토는 너무나 맛있다. 아무리 많이 만들어도 다 먹을 수 있다. 밖에서 부리토를 먹는다면 일단 맛과 양을 채울 수가 없다. 그래서 집에서 만들어 먹으면 좋다. 부리토를 파는 식당이 넘치는 뉴욕의 맨해튼에서 재료와 맛을 만족할만한 단 한 곳도 찾지 못해서 슬펐던 기억이 있다. 그 뒤로 우리는 부리토를 집에서 만들어 먹기 시작했다. 맘 놓고 먹을 수 있는 부리토를 집에서 먹을 수 있다는 것은 축복이다. 게다가 부리토는 칼질을 신나게 할 수 있는 요리다! 사실 남자들은 칼질하는 것을 좋아하는 것 같다. 처음에는 좀 무섭다고 느낄 수도 있다. 특히 양파는 처음에 어떻게 자르느냐에 따라서 많은 것이 달라지는데, 그래서 속을 알 수 없다고 하는 걸까. 무엇이 껍질이고 어디부터 속인지 까도 까도 나온다. 그래서인지 양파 자르기는 참 재밌다. 채소 다듬고 써는 일을 함께 하면 주방에서 대화도 할 수 있고 요리도 즐거워진다. 간단한 요리라도 함께 만들면 추억이 되고 그 시간을 즐길 수 있다. 특히 무, 당근, 비트, 연근 등 단단한 채소를 자르기 위해서는 힘이 들어간다. 내가 자르겠노라고 적극적으로 참견할 수 있는 기회다. 채윤

밥이 남았을 때, '부리토 보울'을 즐겨 먹는다. 도시락이나 피크닉에도 좋은 메뉴라서 자주 만들게 되고 손님 초대 요리로도 즐겨 만든다. 커민 *Cumin*이라는 향신료만 준비하면 집에서 간단하게 만들 수 있다. 만드는 과정은 쉽지만 맛은 매우 좋기 때문에 적극 추천하는 요리다. 뉴욕에서 거리의 여러 식당을 관찰했을 때 부리토 보울은 미국인들에게 인기 메뉴였다. 전병에 싸먹는 것은 '부리토 랩'이라 부르고, 전병 없이 먹으면 '부리토 보울'이다. 전병은 '토르티야' *Tortilla*라고 부르는 밀전병을 이용하거나 글루텐 없는 다양한 전병을 선택할 수 있다. 주로 '랩'보다 '보울'형태로 먹는데 가끔 글

루텐이 없는 코코넛 전병이나 아마씨 전병을 이용하기도 한다. 생채소, 익힌 채소, 구운 채소 등 자유롭게 넣어보자. 파프리카, 토마토, 오이, 샐러리, 양파 등 좋아하는 채소를 잘게 썰어 밥과 채소, 레몬즙, 커민, 올리브 오일을 섞고, 간은 소금과 후추로 한다. 고수는 부리토 위에 얹어 낸다. 가지, 호박, 양파, 당근 등을 굽거나 볶아서 넣어도 좋다. 커민이 들어가서 이국적인 맛이 나는 부리토 보울은 뭉근하게 끓여 익힌 후 레몬즙을 뿌린 비트와도 잘 어울린다.

## 양파

나는 부리토를 만들 때 양파를 잘게 썰어 생으로 넣는 것을 좋아한다. 생양파를 얇게 슬라이스해서 새싹채소나 비타민, 어린 시금치 등을 더해 밥에 얹어 먹기도 한다. 두부구이나 부드럽게 익은 아보카도, 낫또 중에 한 가지를 선택해서 함께 얹으면 훌륭한 한 끼가 된다. 우리 아이들은 이 요리를 매우 좋아하는데 여기에 김재훈 농부님의 양파를 사용하면 많이 맵지 않고 맛있게 즐길 수 있다. 샬롯(프랑스 요리에 주로 쓰이는 작은 양파로 달콤한 맛이 강하다.)이 들어가는 요리에 김재훈 농부님의 작은 양파를 대체해서 쓸 수 있다. 샬롯에 비하면 물론 가격도 월등히 저렴하다. 생채소 현미보울에 소스는 간장과 레몬즙, 물을 섞어 간을 맞추고 취향에 따라 고추냉이나 참깨 페이스트를 넣어도 훌륭하다.

**김재훈 농부님의 양파**
전북 정읍
*010.2684.6073*

농부님은 크고 굵은 양파들이 겉모습만 그럴싸해 보이고 멍들고 잘 상해서 직접 양파를 키우게 되셨다고 한다. 작고 단단한 양파를 보내주시는데 농부님의 말씀처럼 금방 상하거나 무르지 않고 단단한 양파들이 보관성도 훌륭하다. 냉장고에 보관하면서 넉넉하게 활용할 수 있고 생으로 먹어도 맵기보다 단맛이 감돈다. <진짜 채소는 그렇게 푸르지 않다>의 저자 '가와나 히데오' 선생은 훌륭하게 잘 키운 채소들은 알이 여물고 속이 꽉 차 있다고 했다. 김재훈 농부님의 양파가 그랬다. 양파와 포도 두 품목을 재배하신다. 맛있는 캠벨 포도를 유기농으로 먹을 수 있다.

단맛이 도는 작고 귀여운 양파는 생으로도 맛있었다.

# 제철 채소 파스타

맛이 좋다는 이탈리안 레스토랑에 가면 파스타 한 접시에 2~3만 원이 훌쩍 넘는다. 양도 매우 적다. 어떤 재료를 쓰느냐에 따라 이 정도면 괜찮다는 음식도 있지만 때로는 들어간 재료에 비하면 비싸다는 생각이 들곤 한다. 4인 가족 3만 원이면 집에서 맛있고 신선한 재료의 파스타를 충분히 먹을 수 있다. 다양한 응용이 가능한 파스타의 세계는 요리의 한 단계를 넘어서는 도약이다. 집에서 괜찮은 파스타를 만들 수 있다면 그것만으로도 제법 어깨가 으쓱해진다. 알고 보면 쉽지만 처음에는 벽이 느껴지는 요리가 파스타 만들기였다. 채윤

단순한 재료로 깔끔한 맛의 파스타를 애쓰지 않고 뚝딱 만들 수 있는 남자라면 충분히 매력이 있다. 하라

일반적으로 토마토소스 파스타에는 육류를 넣고, 오일 파스타에는 멸치를 소금에 절인 안초비를 넣는다. 크림소스 파스타는 버터와 치즈 등 유제품으로 만든다. 이 모든 재료 없이 채소와 견과류만으로 다양한 파스타를 만들 수 있다. 토마토소스는 토마토와 채소, 버섯을 활용하고, 오일 파스타는 제철 채소로 다양한 변화를 줄 수 있다. 크림소스 파스타의 크림은 캐슈와 호박씨로 만든다.

오일 파스타는 오일에 마늘과 안초비를 볶고, 화이트 와인으로 풍미를 더한다. 안초비 대신 간장으로 간을 하면 감칠맛을 낼 수 있고, 화이트 와인은 생략해도 좋다. 만약 화이트 와인을 넣는다면 채소가 절반 정도 익은 후, 와인을 붓고 센 불로 알코올을 날리면 된다. 화이트 와인 대신 코냑을 사용해도 좋다.

### 알리오 올리오 스파게티니

팬에 올리브 오일, 얇게 저민 마늘, 건조 칠리 고추를 넣어 약불에서 졸이는 느낌으로 천천히 익힌다. 마늘과 고추 향이 나면 방울토마토나 제철 채소를 넣고 1차 소금 간을 한다. 이때 화이트 와인을 약간 넣고 센 불에서 알코올을 날려도 좋다. 파스타 삶은 물을 한 국자 넣고 기름과 물이 잘 유화되도록 한번 부르르 끓이는데 이때 수분이 너무 줄지 않도록 조심한다. 삶은 면을 더해서 잘 버무리고 소금으로 맛을 조절한다. 면과 함께 루꼴라나 허브를 섞어도 잘 어울린다. 알리오 올리오 파스타에는 스파게티 면보다 약간 얇은 스파게티니 면을 주로 사용한다. 오일 파스타는 얇은 면이

잘 어우러지고 넓은 면은 크림소스와 잘 어울린다고 일반적으로 알려져 있지만 서로 반대로 사용해도 괜찮다.

화력에 따라 차이가 있겠지만 오일과 파스타 삶은 물의 비율이 대략 동량으로 사용되면 적당한 농도의 소스가 면에 잘 버무려진다. 알리오 올리오는 오일만 사용하는 파스타가 아니다. 파스타 삶은 물이 오일과 잘 유화되어야 먹는 동안 너무 기름지지 않게 깔끔한 맛으로 먹을 수 있다. 화이트 와인을 넣는다면 파스타 삶은 물을 조절하자. 와인은 먹다 남은 와인이 있을 때 활용하면 좋다.

**오일을 최소한으로 사용한 제철 채소 오일 파스타**

1. 깊이가 있는 넓은 팬에 마늘을 넣고 물 약간을 넣어 볶는다. 양파나 마늘 줄기도 좋다.
2. 봄나물, 열매채소, 뿌리채소, 겨울에는 매생이 등 좋아하는 재료를 준비하고 추가로 넣어 볶듯이 익힌다. 소금이나 간장으로 간을 한다.
3. 약간 짠 정도의 연한 소금물에 파스타를 삶는다.
4. 익힌 파스타를 건져 채소 팬에 합치고 파스타 삶은 물 일부를 함께 넣는다.
5. 불을 끄고 영양 효모를 넉넉하게 넣어 팬에 있는 수분이 소스처럼 잘 섞이도록 한다.
6. 후추, 생허브, 식용꽃 등을 얹고, 올리브 오일은 먹기 전 더한다. 오일을 적게 먹고 싶을 때 유용한 방법이다.

### 생 토마토 파스타

1. 팬에 마늘과 토마토를 볶는다. 오일에 볶을 수도 있고, 물로 익히듯 볶을 수도 있다. 물에 볶듯이 익힌다면 오일은 먹기 직전 파스타에 뿌린다. 토마토를 잘게 썰면 토마토소스에 가까워지고, 큼직하게 썰면 토마토 맛이 진한 오일 파스타에 가까워진다.

2. 버섯이나 양파, 호박, 가지 등 좋아하는 채소를 추가로 넣어 익힌다.

3. 파스타를 삶고 건져서 팬에 합치고 소금, 후추로 간한다. 소금 대신 간장을 사용해도 된다.

4. 이탈리안 파슬리나 바질을 넉넉하게 얹어낸다. 다져 넣거나 큼직하게 얹어도 좋다.

**크리미한 완두 소스 파스타**

제철의 완두를 물에 잠길 정도로 넣고 약간의 오일과 소금을 넣어 익힌다. 부드럽게 익힌 후 식혀서 올리브 오일을 더해 곱게 갈아준다. 소스의 농도는 올리브 오일과 콩 삶은 물로 입맛에 맞게 조절하면 된다. 고속 블렌더로 곱게 갈면 부드러운 소스를 만들 수 있다. 파스타를 삶고 양파를 채 썰어 부드럽게 볶아 준다. 완두 소스와 삶은 파스타, 볶은 양파를 가볍게 섞고 소금과 후추로 간을 맞추면 간단하면서도 색이 아름다운 완두 소스 파스타를 즐길 수 있다. 한 사람당 완두 콩 100g 정도, 양파 반개 정도가 적당하다. 완두를 대신해서 계절에 따라 단호박이나 유채, 시금치 등을 활용해도 좋다.

토마토와 껍질콩을 넣은 오일 파스타와 겨울의 매생이 파스타

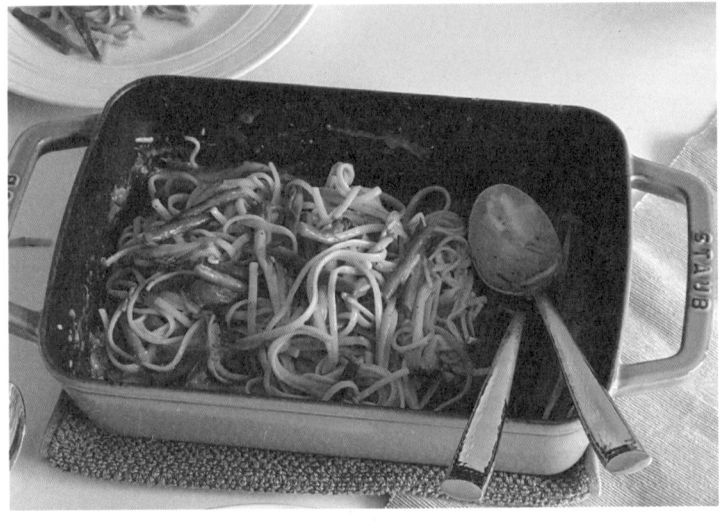

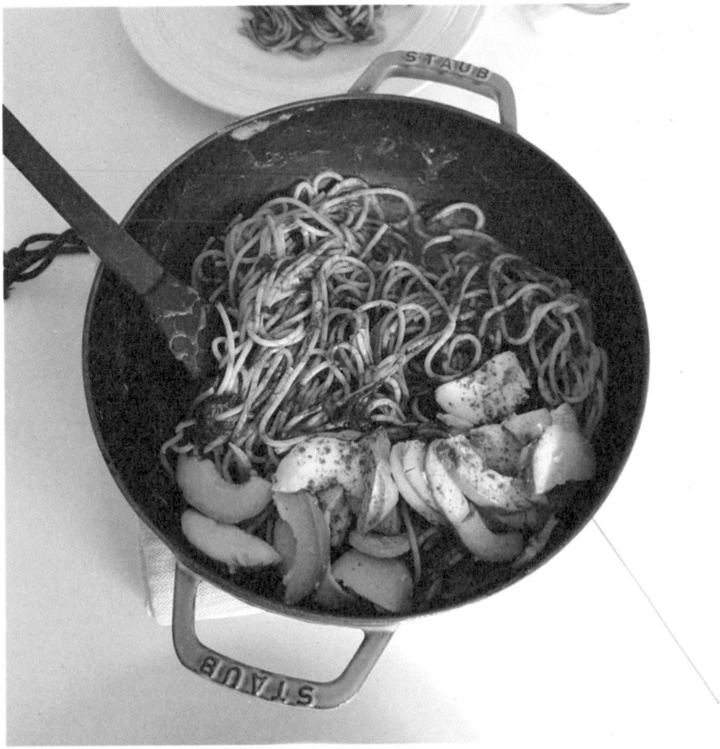

논밭상점 마녀의
계절 청년 농민 꾸러미
계절별 다른 지역

www.nonbaat.com
010.8458.6211

계절마다 각각 다른 농부님의 꾸러미를 받을 수 있고 선납 없이 1회씩 주문이 가능하다. 홈페이지에서 계절별 농부님 정보와 꾸러미 구성을 확인할 수 있다. 논밭상점의 농산물 꾸러미는 여성 농부님들의 세심함이 느껴진다. 경남 합천의 '서와' 농부님으로부터 받은 꾸러미 편지에는 이런 글귀가 있었다. "농사를 짓다 보면 고단하고, 쓸쓸한 날도 있어요. 하지만 농부로 살면서 배우게 돼요. 햇살이 좋은 날도, 눈이 내리는 날도, 태풍이 몰아치는 날도 있다는 것을요. 그 모든 날이 어울려 삶이 된다는 것을요. 꾸러미에 농산물을 담아 보내기까지 햇살이 좋은 날도, 태풍이 부는 날도 있었어요. 그 모든 날을 무사히 지나고 여러분에게 제가 지내온 봄과 여름 그리고 가을을 보내게 되어서 기뻐요. 우리가 발 딛고 살아가는 지구에, 그리고 여러분의 밥상에 평화가 있기를."

이렇게 실한 마늘은 처음 봤다. 맛과 향도 진하고 정말 단단하다. 아주 욕심나는 마늘이었다. 우리는 아까운 마늘을 다 먹어버리기 전에 조금 투자해보기로 결정했다. 옥상 텃밭의 땅이 얼어붙기 전 곳곳에 마늘을 심었다. 겨울 한철이 지나고 봄이 얼굴을 내밀 즈음, 마늘 싹이 올라왔다. 우와! 정말 마늘이 싹을 틔웠다. 기대된다. 마늘을 수확하기 전에 맛있는 마늘 줄기를 먹을 수 있겠다는 생각에 이미 마음은 부자가 된다. 채윤

2019년 가을 서와 농부님께 받은 몇 번의 꾸러미에는 알이 단단하고 향이 진한 마늘이 있었다. 좋은 마늘이란 이런 것이구나를 느낄 수 있는 마늘이었는데 우리는 이 마늘 몇 알을 남겨서 텃밭에 심어보기로 했다. 줄어드는 것이 아까운 이 맛있는 마늘을 어찌 될지도 모르는데 텃밭에 묻어두기에는 모험이었다. 마늘 몇 알에 투자를 하기로 하고 추운 한

파가 오기 전에 텃밭 흙 속에 깊숙이 묻어두었다. 여느 해보다 따뜻해서일까 1월 말 즈음 심은 마늘에서 싹이 올라왔고 2월이 되니 손가락 길이만 한 싹들이 자라고 있다. 마늘을 먹을 수 있을지는 모르지만 마늘 대는 먹을 수 있겠다는 생각에 기대가 된다.

'마녀의 계절' 꾸러미. 받아 본 농산물 중 가장 인상적인 포장이었다.
농부님이 직접 그린 손 그림엽서를 함께 보내주셨다.

# 크림소스 파스타와 리조또

우유나 유제품을 먹지 않으면 크림소스로 만든 음식은 포기해야 된다고 생각할 수 있다. 크림소스는 캐슈를 이용해서 만들 수 있고 그 맛도 훌륭해서 누구나 맛있게 먹을 수 있다. 캐슈 외에 호박씨를 함께 활용하기도 한다. 4시간 이상 물에 불린 캐슈를 물과 함께 곱게 갈면 기본 크림소스가 만들어진다. 이 소스를 얼큰하게 먹는 한식 국물요리에 넣으면 구수한 맛을 낼 수도 있다. 가끔 불린 캐슈를 물과 함께 갈아 김치찌개 끓일 때 넣는데 아이들이 좋아한다.

파스타용 크림소스는 기본 소스에 화이트 와인이나 코냑, 영양 효모, 소금, 후추를 더해서 맛을 내는데 와인이나 코냑은 생략해도 된다. 영양 효모는 불에서 내린 후 가장 마지막에 넣고, 와인이나 코냑을 넣을 경우 센 불에서 알코올을 날려야 한다. 크림소스는 면이나 밥, 감자요리, 샌드위치에 다양하게 활용할 수 있으며 케토 식사에서도 삶거나 구운 채소에 소스나 수프로 활용할 수 있다. 남은 소스는 4~5일간 냉장보관이 가능하며 캐슈와 호박씨를 합쳐 4인 기준 300그램 정도를 한 번에 불린다. 파스타면 대신 밥에 섞으면 리조또를 먹을 수 있다.

식물성 재료로 만든 크림소스는 먹은 후에도 느끼하지 않고 속도 편하다. 말하지 않으면 우유나 유크림으로 만든 크림소스와 구분하기도 어렵다. 아들의 생일날 초대받은 친구들은 크림소스 버섯 파스타를 먹고 이렇게 말했다. "우리 엄마도 이렇게 만들면 나도 채식할래요." 어렵지 않다. 방법만 알면 누구나 맛있게 만들 수 있다. 해보지 않아서 어렵게 느껴질 뿐, 집에서 먹는 요리에는 특별한 기술이 필요치 않다.

1. 4시간 이상 물에 불린 캐슈를 불린 물과 함께 곱게 갈아준다.

2. 넉넉한 팬에 오일을 넣고 마늘을 가볍게 볶은 후 채소를 넣고 마늘이 타지 않도록
   살피면서 볶는다.

3. 갈아 둔 캐슈 소스를 넣는다. 소스 농도는 물로 맞춘다.

4. 중불로 소스가 데워질 때까지 한 번씩 저어준다. 소금이나 간장으로 간하고 불에서
   내린 후 영양 효모를 원하는 만큼 넣는다. 영양 효모는 보통 4인 기준 밥그릇 절반
   만큼 넣는데 입맛에 따라 가감하면서 조절하자.

5. 익힌 파스타나 감자, 밥에 곁들여 낸다. 이탈리안 파슬리를 생으로 잘게 썰어
   얹으면 풍미가 좋아진다. 취향에 따라 후추, 올리브 오일을 뿌려낸다. 나는 수막,
   치폴레, 카엔페퍼, 훈제 파프리카 가루를 식탁에 내고 가족들이 취향에 맞도록 넣
   어 먹게 한다.

## 매콤한 김 크림소스 파스타

이탈리아 미슐랭이라고도 불리는 감베르로쏘 *Gambero Rosso* 2000년도 행사에서 도쿄의 한 셰프가 처음 선보인 소스의 조합으로 가정에서도 쉽게 만들 수 있다. 김과 유자 청고추 페이스트(유즈코쇼), 캐슈 크림으로 만들어보자. 팬에 생김을 잘라 소량의 물과 함께 약불에 끓이다가 캐슈 크림을 더해준다. 소금, 후추로 간하고 유자 청고추 페이스트를 입맛에 맞게 더해서 매운맛을 낸다. 유즈코쇼라 불리는 유자 청고추 페이스트는 시판용 제품을 구입해도 되고 유자와 고추를 함께 갈아 활용해도 된다. 유즈코쇼 대신 고추냉이 소스를 더하고 유자즙이나 라임즙, 레몬즙, 감귤즙을 더할 수도 있다. 파스타를 삶아 섞고 올리브 오일을 마지막에 얹어 곁들인다.

## 빵에 얹어만 먹어도 맛있는 버섯 뒥셀

뒥셀 *duxelles*은 곱게 다진 버섯과 양파에 버터와 크림을 넣어 되직하게 만드는 페이스트를 말하는데 주로 만두처럼 속을 채우는 용도로 요리한다. 캐슈 크림을 활용해서 버섯 뒥셀을 만들면 빵에 얹어 먹어도 자체만으로 훌륭한 식사가 된다. 케토 식사를 한다면 버섯 뒥셀을 양상추나 아보카도, 삶은 브로콜리나 콜리플라워에 얹어 먹어도 좋다. 버섯은 양송이버섯이 주로 쓰이지만 표고버섯이나 향이 풍부한 느타리버섯도 좋다. 팬에 오일을 두르고 잘게 자른 버섯과 양파를 볶는다. 부드럽게 익으면 한 김 식힌 후 캐슈 크림을 더해서 블렌더에 곱게 갈아준다. 되직한 질감이 되도록 캐슈크림 양을 조금씩 넣어가며 조절하고 소금과 후추로 간을 마무리한다. 되직하게 만들지 않고 걸쭉하게 갈아서 볶은 버섯에 섞어 버섯 식감을 그대로 살려 먹어도 좋다. 버섯 뒥셀을 빵 대신 양상추나 오이, 생으로 얇게 자른 호박 등에 얹

어 카나페처럼 준비하면 근사한 식전 음식이 된다. 캐슈 크림은 4시간 이상 불린 캐슈에 물을 넣어 곱게 갈아서 사용한다. 캐슈 크림 대신 코코넛 밀크를 사용해도 좋다. 이탈리안 파슬리를 잘게 썰어 얹고 파슬리 줄기는 곱게 다져서 버섯 뒥셀에 생으로 섞으면 맛과 향이 잘 어울린다.

### 개슈와 호박씨

유기농 캐슈는 '*Now Foods*'의 무염 생 캐슈 '*Organic Whole Raw Cashews*', 유기농 호박씨는 '*Sunfood*'의 생 유기농 가보 호박씨 '*Raw Organic Heirloom Pumpkin Seeds*' 제품을 사용했다. 쇼핑몰 '아이허브'에서 구입한다.

# 토마토 배추 겉절이

제철의 토마토로 만든 후 바로 먹을 수 있는 한국식 겉절이의 응용이다. 고춧가루 양념과 토마토는 잘 어울리니 배추, 양배추, 미나리, 무 등으로 만들어보자. 배추를 소금에 미리 절이지 않고 양념을 하는데 배추에서 물이 나와 점점 자작한 물김치가 된다. 겉절이로도 바로 먹을 수 있고, 배추에서 빠진 김치 국물로 비빔국수 양념장을 만들 수도 있다. 집에서 즐겨 만드는 비건 김치는 젓갈 대신 소금과 간장을 섞어 간을 한다. 젓갈을 넣지 않고 담근 김치는 맛이 깔끔하다. 양념을 만들 때 넣는 과일은 참다래, 홍시, 사과, 배 등 계절에 맞게 응용할 수 있고, 찹쌀 풀 대신 밥을 넣어 갈거나 현미가루를 이용한다. 삶은 고구마를 찹쌀 풀 대신 넣어 만드는 백김치는 우리 집 별미다.

1. 양파, 마늘, 참다래, 생강, 토마토, 현미가루를 넣고 블렌더에 갈아준다.
2. 배추, 쪽파, 토마토를 먹기 좋은 크기로 자른다.
3. 넓은 볼에 재료를 모두 섞고 소금과 간장, 고춧가루를 뿌려 간을 맞춘다.
   바로 먹거나 실온에 하루 익혀 냉장 보관한다.

### 오이와 딜로 만드는 피클

토마토와 배추 겉절이가 한식에 곁들이기 좋다면 새콤하게 만들어 먹는 피클은 서양요리에 곁들이기 좋다. 제철의 물이 오른 오이와 허브의 한 종류인 딜, 절기가 하지가 될 때 맛있게 먹을 수 있는 감자는 서로 잘 어울리는 궁합이다. 딜은 오이나 감자와 풍미 궁합이 좋아서 오이피클을 만들 때 딜을 넉넉하게 넣고 삶은 감자에 함께 먹기도 한다. 딜을 향과 장식으로 소량만 넣는 것이 아니라 오이 양만큼 넉넉하게 넣는다. 식초와 설탕을 6:1 정도의 비율로 맞추고 입맛에 따라 가감하면 된다. 냄비에 식초와 설탕을 넣고 한번 끓으면 불에서 바로 내린 후 한 김 식힌다. 딜의 색을 선명하게 즐기려면 끓인 피클 물을 차갑게 식힌 후 부어야 하고 상관없다면 오이와 딜이 담긴 용기에 바로 부어준다. 피클 물이 뜨거운 상태에서 재료와 합치면 냉장고에 식힌 후 그날부터 바로 먹을 수 있다. 오이와 딜이 모두 잠길 수 있도록 길쭉한 용기에 피클을 담는 것이 좋다. 피클 물을 끓일 때 겨자씨나 매운 고추가 있다면 더해도 되고 통후추를 몇 알 넣어도 된다. 피클링 스파이스라는 이름으로 피클 풍미를 위한 모둠 향신료도 팔고 있는데 나는 주로 통후추와 펜넬 씨만 넣어 복합적이지 않은 향의 피클을 만든다. 무, 비트, 샐러리, 양파, 당근 등 여러 채소를 피클로 만들 수 있다. 설탕 대신 순수 스테비아를 활용할 수 있다.

# 당근 샐러드

남프랑스에서 자주 가는 유기농 마트에 들렀다. 저녁 식사로 뭐가 좋을까 둘러보다가 당근 샐러드를 골랐다. 물가가 비싼 프랑스에서 가격 착한 당근 샐러드를 알게 된 후부터 우리의 식탁에서 빼놓을 수가 없었다. 얇게 썬 당근에 레몬과 허브가 만나면 아주 궁합이 좋다. 아삭하면서 달콤하고 상큼하다. 당근 샐러드를 사람 수만큼 사고 잎 샐러드를 풍성하게 섞고, 렌틸콩이나 퀴노아를 섞으면 그것만으로도 완벽한 식사가 준비된다. 바게트 트라디씨옹까지 한 조각 곁들이면 더할 나위가 없다. 채윤

프랑스에 가면 마트의 포장식품 코너에 빠지지 않는 요리가 당근 샐러드다. 마트마다 다양한 당근 샐러드가 있었다. 제각각 다르면서도 맛있었다. 당근이 맛있으면 생으로 먹어도 좋은데 당근은 맛없는 재료라는 사람들의 인식이 있어서 생당근은 횟집이나 고깃집의 쌈 채소에 소량으로 나오는 장식에 가까운 존재감이다. 이런 당근이 메인 식사로도 얼마나 맛있는지 경험할 수 있는 메뉴가 프랑스식 당근 샐러드다. 조리법이 간단하고 맛은 매우 좋기 때문에 생당근을 자주 사게 될 것이다. 당근 샐러드 맛의 비결은 첫째는 좋은 당근이고 둘째는 당근을 가늘고 얇게 채칠 수 있는 인내심이다. 우리는 인내심 대신 채소를 쉽게 돌려 깎을 수 있는 채소 회전 채칼을 사용한다. '채소 스파이럴라이저'라는 이름으로 인터넷에서 저렴하게 구입할 수 있다. 도구를 늘리기가 싫다면 잘 갈아 둔 칼로 당근을 얇게 채 썰면 된다.

당근 샐러드는 만든 직후 먹어도 좋지만 한두 시간 재운 후 먹으면 더욱 맛있다. 이탈리안 파슬리가 듬뿍 들어가면 미나릿과의 당근과 잘 어울리는데 이탈리안 파슬리를 대신해서 처빌이라는 허브나 바질을 사용해도 좋다. 허브를 구입

하기가 번거롭다면 잘게 다진 미나리 잎도 좋다. 당근 샐러드에 당근뿐 아니라 적채를 넣어도 좋고 생비트나 아보카도와도 맛의 조합이 좋다.

당근 샐러드 레시피를 활용해서 당근처럼 단단한 채소들을 단독으로 응용할 수 있다. 양배추나 적채도 얇게 썰어 응용할 수 있고 제철의 토마토도 풍성하게 썰어서 같은 레시피로 먹어도 좋다. 펜넬이나 샐러리도 같은 드레싱으로 당근 대신 사용해볼 수 있다. 당근 샐러드는 넉넉하게 만들어서 빵에 얹어 오픈 샌드위치로 먹거나 삶은 파스타를 시원하게 식혀서 함께 먹을 수도 있다. 아삭한 양상추나 엔다이브 잎을 그릇처럼 활용해서 그 안에 당근 샐러드를 담아 전식으로 내놓아도 훌륭하다. 우리가 즐겨 만드는 당근 샐러드 조리법은 남프랑스와 파리에서 마트에 갈 때마다 사다 먹은 여러 가지 당근 샐러드의 결과물이다. 비슷한 맛을 내기 위해 여러 가지 시도를 해봤는데 지금 소개하는 양념의 조합이 가장 맛이 좋았다.

1. 당근을 껍질째 깨끗하게 씻고 얇고 길게 채 썬다.
2. 올리브 오일, 레몬즙, 소금, 머스터드, 조청이나 설탕을 섞어 드레싱을 만든다.
   머스터드와 단맛을 내는 조청이나 설탕은 동량 비율로 넣고 오일과 레몬즙은 좋아
   하는 만큼 넉넉하게 넣는다. 드레싱의 재료를 잘 섞어준다.
3. 다진 이탈리안 파슬리를 듬뿍 넣고 모든 재료를 큰 볼에 잘 섞어준다. 처빌이나
   바질도 파슬리를 대신해서 넣을 수 있다.
4. 입맛에 따라 커민을 조금 넣으면 이국적인 맛을 즐길 수도 있다. 우리는 주로 3번
   까지만 적용해서 만들어 먹고 후무스를 함께 먹을 때 당근 샐러드에 커민을 넣는다.

**김광득, 김우순 농부님의 당근**
경남 김해
*010.9833.2625*
*010.2012.0476*

1996년부터 친환경으로 채소 농사를 짓기 시작하여, 2000년 무농약 인증, 2004년 전환기 유기재배 인증을 받고 현재 유기농업을 하신다고 한다. 농부님과 직거래로 구입이 가능하며 계절에 맞게 다양한 채소를 키우신다. 농부님의 당근은 생으로 먹어도 맛이 달다. 한 번에 넉넉한 양을 주문하고 냉장보관을 하는데도 꺼내 먹을 때마다 단맛이 여전하다. 생으로 먹는 당근이 이렇게 달고 맛있다는 것을 알게 해 준 당근이다. 당근은 관행농과 유기농 사이의 맛 차이가 큰 작물 중 하나다. 사람들이 당근을 맛없다고 생각하는 이유였다. 유기농 텃밭에서 자란 당근을 맛보면 대부분의 사람들이 관행 농업으로 기른 당근과 맛이 확연하게 다르다는 것을 느낀다. 우리 집에서 당근을 먹어 본 지인들은 모두 같은 말을 했다. "당근 맛있다!" 나도 그랬다. 당근이 이렇게 맛있는 채소인 줄 몰랐다. 우리 아이들도 농부님의 당근을 생으로 먹으며 당근이 맛있다는 말을 한다. 당근 샐러드도 아이들에게 환영받는 요리다.

**김수규 농부님의 적채**
제주
*064.753.5055*

적채는 안토시아닌이 매우 풍부하면서 가격이 저렴하다. 이 같은 이유로 미국의 영양 논문 분석기관에서 가격 대비 가장 건강한 채소라고 발표한 바 있다. (*NutritionFacts.ORG*, 2015년) 단단하고 속이 꽉 찬 무거운 적채를 받아볼 수 있다. 좋은 채소들은 확실히 꽉 차 있다는 느낌이 들고 조직감이 여물다. '제주 한스에코팜'을 통해 구입할 수 있다.

# 따뜻한 식사

2쇄 찍음 2020년 11월 30일
2쇄 펴냄 2020년 11월 30일
지은이 강하라, 심채윤
디자인 Studio KIO
펴낸곳 껴안음
펴낸이 강하라, 심채윤
인쇄 및 제책 3P
출판등록 2020년 1월 17일
신고번호 제2020-000005호
주소 서울시 용산구 한남대로27가길 32
전자우편 kkyeanumm@gmail.com
ISBN 979-11-970109-0-3

본 책의 내지는 재생지를 사용하였습니다.

앞에 머리 감긴다.

많은길에 있아

*lklyeanum*

상제웅

매출원 시사

오일머라

책을 준비하는 동안 기다려주시고 격려 주신 여러 선생님들께 감사드립니다. 한 분, 한 분께 감사한 마음을 간직하고 있습니다. 첫 책 <요리를 멈추다>에 주신 큰 사랑과 따뜻한 마음 덕분에 이 책도 기쁘게 작업할 수 있었습니다. 우리는 이곳에 요리만 담지 않았습니다. 훗날 우리 아이들이 어른이 되어 어려움을 마주할 때마다 이 책을 통해 어린 시절 경험했던 따뜻한 식사의 기억을 떠올릴 수 있기를 바랍니다. 그 힘으로 힘든 상황에서도 다시 털고 일어날 수 있는 위로를 얻는다면 좋겠습니다. 경험하고 배운 것들을 개미처럼 성실하게 담았습니다. 우리가 모든 사람들에게 요리를 해 줄 수는 없지만 집으로 초대해서 따뜻한 밥 한 끼를 내어 주고 싶은 마음을 담았습니다. 우리의 마음이 전해지면 좋겠습니다.

이 책에서 언급한 요리 이름이나 재료는 본래의 발음을 살리기 위해 외래어 표기법을 적용하지 않은 것도 있습니다. 한숨 쉬어가고, 노트로도 활용할 수 있도록 이 책에는 의도적인 여백을 담았습니다.

우리를 껴안아 주시는 하늘에 계신 아버지께

내가 만일 한 마음의 상처를 멈추게 할 수 있다면
나의 삶은 헛되지 않을 것이다.
내가 만일 한 생명의 고통을 덜게 할 수 있다면
내가 한 사람의 고뇌를 식힐 수 있다면
또는 내가 까무러쳐가는 한 마리의 물새를
그 보금자리에 다시 돌아가 살게 할 수 있다면
나의 삶은 헛되지 않을 것이다.

에밀리 디킨슨 *Emily Dickinson*

# 늘 먹는다 ———————————————— 19

## 요리하지 않는 맛있는 식사, 과일

## 계량하지 않는 요리

## 케토 채식 *Keto Vegan*

## 제철 나물

## 머위 된장의 힘

# 지속 가능한 삶을 위한 발걸음

우리는 자주 지속 가능한 삶에 대한 이야기를 나눈다. 어떤 문제가 생겼을 때, 개선하고 싶은 일이 있을 때, 새로운 일을 해야 할 때, 과연 이것이 '지속 가능한 삶'에 부합하는지를 살피게 된다. 그동안 눈에 보이는 결과와 사회가 정한 성공 기준을 목표 삼아 살았다. 열심히 노력하며 살았지만 그 삶이 앞으로도 지속 가능할지에 대해서는 의문이 남았다. 열심히 산다는 것만으로는 앞으로 잘 해낼 수 있을 자신이 없었다. 삶을 바라보는 다른 기준이 필요했다. 삶은 100미터 달리기 경주가 아니라 승부가 없는 마라톤에 가깝다. 마라톤에서 좋은 결과를 바라기보다는 천천히 가더라도 기쁘게 완주하는 것이 우리의 목표다. 그렇게 조금씩 결승선을 향해 나아가는 방향성이 중요하다는 결론을 얻었다.

오늘보다는 내일이 좀 더 나은 삶이기를 원한다. 조금 더 성장하는 삶, 조금 더 건강하고 행복한 삶, 될 수 있는 한 간결하고 담백한 삶, 우리만 생각하지 않고 주위를 살필 수 있는 삶, 최소한의 피해를 주는 삶, 우리의 한계를 인정하는 겸손한 삶, 존재함만으로 감사할 수 있는 삶, 이런 삶을 위해 한 걸음씩 나아간다. 이 모두를 한 번에 이룰 수 없음을 인정하고 우리는 조금 더 천천히 가기로 마음먹었다.

건강과 행복한 삶을 위해 우리는 더 노력할 필요가 있음을 깨달았다. 건강하지 않다면 삶은 행복할 수 없다. 많은 것들을 성취하기 위해 건강을 맹신하고 챙기지 않는다면 건강을 잃은 후 누릴 수 있는 것은 없다. 하지만 몸과 마음이 건강하면 많은 것을 할 수 있다. 약 2500여 년 전, 히포크라테스는 '음식으로 고치지 못하면 약으로도 고칠 수 없다.'라는 말을 했다. <동의보감>에서도 '음식과 약은 근본이 같다.'라고 했다. 우리도 먹는 것이 몸을 만든다는 것을 인지하며 음식의

중요성을 알게 되었다. 사람마다 얼굴이 다르듯이 건강도 다르고 살아가는 모습도 다르다. 모든 사람에게 맞는 옷이 없듯이 음식도 마찬가지다. 우리에게는 좋았던 음식이 다른 사람들에게는 맞지 않을 수도 있다. 식사는 정답이 없다. 모두에게 완벽한 식단도 없다. 각자의 생활과 환경에 따라 자신에게 이로운 음식을 찾아가는 시간이 필요하다. 우리도 그런 시간에 투자했고 다양하게 시도해보았다. 우리의 노력과 시도가 헛되지 않았지만 아직도 훌륭하다고 말하기에는 부끄러울 정도로 부족하다. 신비한 우리 몸에 대해 계속 알아가는 중이다. 더 활력 있고 맑은 정신을 유지하며 간결하게 먹을 수 있는 방법에 대해 공부하고 있다. 음식과 몸의 관계를 알아가는 공부는 우리 삶에서 앞으로도 계속될 것이다.

우리 스스로를 틀에 가두지 않기 위해 늘 조심한다. 채식이냐 육식이냐의 구분보다 건강하고 행복한 식사, 나아가서는 환경을 생각하고 지속 가능한 삶에 가까운 식사가 무엇인지 떠올리면 좋겠다. 스스로를 틀에 가두는 순간 오류를 만들 수 있고 자만하게 된다. 모든 사람들이 같을 수 없음에도 자신의 틀 외에는 잘못되었다고 여기게 된다. 우리가 스스로를 가두지 않기 위해 조심하는 이유다. 우리의 경험이 책을 읽는 분들의 삶에 도움이 되기를 소망한다. 지도가 아니라 도움말 정도로 생각하신다면 좋겠다. 한 권의 책이 나오기까지는 꽤나 긴 시간이 필요하다. 그리고 작업이 마무리될 즈음이면 부끄러움이 앞선다. 첫 책 <요리를 멈추다>에서도 느꼈지만 그럼에도 우리의 경험이 시행착오를 대신할 수 있고 작은 도움이 되기를 바라며 발그레 진 얼굴을 숙인다.

# 우리가 함께 했던 4년간의 식탁

세상에는 눈이 휘둥그레지는 요리책들이 많다. 서점에 나가 요리책들을 들춰보면 이런 요리를 집에서도 만들 수 있을까 싶을 만큼 아름답고 먹음직스럽다. 전문가들의 노고가 담긴 훌륭한 요리책들이 이미 많은데도 이렇게 책을 만들었다. 이 책을 위해 새로운 요리를 만들거나 전문가의 힘을 빌려 촬영을 하지는 않았다. 이 책은 지난 4년간 가족들과 함께 했던 식사의 기록이다. 계량도 없는 이 책을 수많은 요리책 속에 선보이기가 조심스럽지만 한 가지는 자신 있게 말할 수 있을 것 같다. 이 책에 소개하는 음식을 먹으며 우리가족은 지난 4년간 더 건강해지고 행복했다. 어디서 구입해서, 무엇을 어떻게 먹었는지 그 여정을 이곳에 담았다.

우리는 이 음식들을 먹으며 풍요로운 대화를 나누고 웃을 수 있었다. 자연이 만들어주는 생명의 경이로움을 만끽할 수 있었고 아이들도 건강하게 자라고 있다. 가끔 식사를 함께했던 이웃 청년 진우 씨는 "이렇게 먹을 수 있다면 저도 채식 할 수 있을 것 같아요."라고 말한 적 있다. 어렵지 않다. 이 책에는 누구나 할 수 있는, 실제의 가정식을 담았다. 요리를 한 번도 해 본 적 없는 분들도 이해하기 쉽도록 자세한 설명을 더하느라 각 요리마다 설명이 길어졌다. 하지만 모든 요리 과정은 단순하다. 가짓수가 적은 재료와 단순한 조리 도구로 식사를 준비했다.

화려한 요리책을 보면 재료 준비에 한번 포기하게 되고 도구 준비에 다시 포기하게 된다. 이 책에도 해외 향신료와 식재료로 만든 요리가 있다. 다른 문화의 요리는 그 문화권의 낯선 식재료 사용을 피할 수는 없다. 처음 접해 보는 식재료라면 요리가 어렵게 느껴질 수도 있다. 요즘은 수입 식재료를 구입하는 것이 어렵지 않아서 마트와 대형 식료품 매장,

온라인을 통해 쉽게 구입할 수 있다. 대체할 수 있는 재료가 있다면 상상력을 발휘해서 다양하게 활용해 볼 수도 있을 것이다. 반드시 그 재료가 있어야만 만들 수 있는 요리는 없으니 다양한 식재료에 도전해 보면 좋겠다.

책에는 대부분의 가정에서 기본적으로 갖추는 도구들을 사용했다. 우리 집에는 최신 주방 가전이 없다. 대부분의 요리는 1구 전기 레인지가 있는 작은 주방에서 만들었다. 불 쓰는 요리 두 가지를 동시에 할 수 없어서 요리가 더 간단해진다. 환풍기 성능이 좋지 않아서 기름을 넣어 가열하는 요리를 최소한으로 했다. 훌륭한 음식의 비결은 요리 실력이 좋거나 조리도구가 특별해서가 아니다. 좋은 재료로 단순하게 요리하면 맛있고 건강에도 좋다. 요리와 도구는 비례하지 않는다. 이 책을 읽는 동안 '아 이 정도면 나도 할 수 있겠어.'라고 생각하게 될 것이다.

# '곰 손'과 '금 손'

'곰 손'이라는 말과 '금 손'이라는 말이 있다. 이 표현은 손재주를 일컫는 말로 쓰이곤 한다. 나는 요리에서만큼은 '곰 손'은 없다고 생각한다. 요리가 자본과 만나 성장하고 전문가와 전문가가 아닌 사람으로 구분되었지만 요리는 인류의 생존능력 중 하나였다. 인류가 먹을 것을 채집하거나 경작하면서부터 지역마다 다양한 요리가 생겼고 전통음식으로 계승되기도 했다. 이런 전통음식도 그 속을 들여다보면 특별하고 어려운 요리법은 존재하지 않는다. 요리는 정해진 규칙이나 제약이 없는 자유로운 분야다. 요리는 인류가 오랫동안 해 왔던 자연스러운 행위였다. 우리는 요리를 안 해도 먹을 수 있는 시대에 살고 있다. 사람들이 점차 먹을 것을 스스로 만드는 행위를 하지 않게 되면서 요리를 어렵게 느끼기 시작했다. 요리는 누구나 할 수 있고, 사람마다 맛을 느끼는 정도가 다르고 요리책을 똑같이 따라 하지 않더라도 음식을 망치지 않는다.

그런데도 우리가 요리를 어렵게 느끼는 이유는, 우리가 요리를 해 보지 않아서 익숙하지 않고, 스스로를 '요리 곰 손'으로 단정 짓기 때문이다. 실제로 요리는 할수록 요령이 생기고 익숙해진다. 할수록 잘하게 된다. 다만 그것을 해보고 시행착오를 거치며 자신만의 요령으로 익힐 기회가 없었을 뿐이다. 요리는 좋아하는 재료를 다양하게 조합하고 다양한 맛을 느끼는 음식여행이다. 여행에서 고수와 하수를 구분 짓는 것이 주관적이고 의미가 없듯이 요리도 '금 손'과 '곰 손'의 구분이 무색하다. 내가 먹을 음식을, 좋아하는 재료와 향신료로 조합하고 감사하게 먹을 수 있다면 그 요리가 세상에서 가장 훌륭한 '금 손'의 요리다. 이 책을 통해 많은 분들이 요리하는 즐거움과 식사의 감사함을 누리고, 몸과 마음까지 건강하고 기쁘셨으면 좋겠다.

# 농업이 귀하게 대접받는 세상

농부를 존경하지 않는 사회는 훌륭한 음식의 본질을 왜곡하기 쉽다. 좋은 음식은 혀가 좋아하는 비싸고 소문난 맛집의 음식이 아니라 안전하게 기른 좋은 채소와 과일이다. 우리가 안전한 음식에 더 가치를 둘 때 농부님들도 정당한 대우를 받을 수 있을 것이다. 책의 곳곳에 지난 4년간 알아간 60여 곳의 농부님들 이야기를 담았다. 소개하는 농부님들과 시재료 구입 정보는 모두 장을 보고 식사를 준비하면서 손과 발품을 통해 얻게 된 우리의 보물 정보다. 우연히 알게 되어 여러 해 구입을 하는 곳도 있고, 알게 된 지 얼마 안 된 구입처도 함께 담았다. 몇 년간 쌓인 소중한 정보를 가능한 많이 알려드리고 싶어서, 여러 곳에 흩어진 주문 내역과 정보를 다시 살피고 정리했으며 최소 한 번 이상 직접 주문하고 받아 본 곳들을 담았다.

잘 씻고 잘 먹는 것만큼 잘 고르는 것도 중요하다. 먹어보고 만족스러웠던 농부님의 정보만 담았지만, 모두를 만족시킬 수는 없을 것이다. 우리가 선택한 농부님들과 구입처는 절대적이지 않다. 계절과 상황에 따라 우리에게는 아주 만족스러웠을지라도 다른 분들께는 만족스럽지 못할 수도 있다. 채소와 과일 등은 계절과 날씨에 따라 차이가 있을 수도 있다. 이런 것들을 감안하고 이용한다면 식재료 구입에 도움이 될 것이다. 이곳의 모든 농부님 정보는 친환경이나 자연재배에 기준을 두고 선택한 곳이고 협찬이나 개인적 친분도 없다.

농부님 한 분 한 분께 책에 실리는 내용을 알리고 허락을 구하지는 못했다. 뜻한 바와 달리 이로 인하여 농부님들께 불편을 드리게 된다면 모두 우리 책임이다. 모쪼록 이 기회를 통해 유기농업의 가치가 더 알려지면 좋겠다. 많은 소비자

들이 더 좋은 농산물을 찾는 계기가 되었으면 좋겠고, 농부님들이 수고에 합당한 가격으로 농산물을 판매할 수 있는 기회가 되면 좋겠다.

1. 이 책에는 유기농과 자연재배 농산물을 소개한다. 대부분이 '유기농'이고 '무농약' 재배도 있다. '자연재배'는 따로 언급했다. '자연재배'는 농약뿐 아니라 비료도 사용하지 않고 오직 땅의 힘으로만 키워내는 농사를 말한다.

2. 농부님들의 연락처는 바뀔 수 있으니 미리 확인이 필요하다. 밭에서 시간을 보내는 농부님들이 대부분이라서 연락이 닿지 않을 수도 있다. 소비자는 왕이라는 생각이 아닌, 존중과 감사한 마음으로 예의를 지키고 배려하면 여러 농부님들과 좋은 인연을 맺을 수 있고 먹는 동안 기분도 좋다는 것을 기억해 주시면 좋겠다. 농부님들은 사람의 힘으로 제어할 수 없는 자연의 힘에 매일 인내와 순응을 배우는 분들이다. 우리가 농부님들을 존경하는 이유기도 하다.

3. 농부님 정보 중 일부는 검색 사이트에서 구입처를 찾을 수 있다. 예를 들어 강하라 농부의 사과라면 '강하라 사과'로 검색하면 된다. 제철에만 검색이 되는 경우도 있고 연중 검색되기도 한다. 웹사이트 없이 농부님과 직접 연락해야 하는 곳은 연락처를 참고하자.

4. 친환경으로 재배한 농산물은 유기 인증번호가 있다. 이 번호를 <국립농산물 품질관리원 *www.naqs.go.kr*>에서 조회하면 농부 정보와 재배품목, 인증기간, 재배면적 등을 확인할 수 있다. 예를 들어 토마토가 맛있는 농부님을 알게 되었고, 농부님이 보내신 토마토 박스에 찍힌 유기 인증번호를

홈페이지에서 조회했다. 해당 농부님이 재배하는 다른 품목이 어떤 것인지 알 수 있었다. 토마토 외 감자나 옥수수 등을 전화로 주문할 수도 있다. 이렇게 농부님 몇 분과 인연이 닿으면 좋은 작물을 철에 맞게 구입할 수 있다. 한 가지 작물만 판매하는 농부님들도 있지만 철에 맞게 여러 작물을 판매하기도 한다. 각 가정에 맞는 방법으로 농산물을 구입할 수 있다. 어떤 농부님들은 농산물을 보낼 때 안내문을 동봉하는데, 이를 통해 재배하는 작물을 알 수 있다. 이런 방법으로 사과 농부님을 알게 되어 좋은 수수와 들깨도 주문할 수 있었고 감사한 인연으로 이어가고 있다.

로마서 ―――――――――――――――――――――――――――――――――――――――――――――――

# 요리하지 않는 맛있는 식사, 과일

음식 바꾸기의 시작은 과일이었다. 과일은 준비과정이 간단할 뿐 아니라 수분과 영양이 풍부하면서 맛도 좋다. 아침에는 과일로 식사를 대신하기도 한다. 아이들은 과일을 곁들여 오트밀이나 찐 고구마, 찐 감자를 먹기도 하고 스무디나 쌀빵을 함께 먹기도 한다. 여러 식당을 다니며 먹었던 식사보다 제철을 기다려 맛보는 과일은 우리에게 계절을 만끽하는 행복을 준다.

## 달콤한 설렘, 봄의 딸기

추억 속의 딸기 맛을 다시 찾았다. 어린 시절 기억 한편에 잠자고 있던 달콤한 딸기맛이 봄꽃처럼 돋아난다. 딸기향이 집안에 퍼져 달콤한 향을 맡은 기억이 났다. 어릴 때 어머니가 사 온 딸기향을 맡곤 했는데 언젠가부터 딸기에서 더 이상은 진한 향이 느껴지지 않았다. 그러다가 아내가 찾은 농부님께 딸기를 받았던 어느 초봄, 딸기를 씻을 때 달콤한 향이 집에 퍼지는 어린 시절의 경험을 다시 느낄 수 있었다. 마트에서 이미 딸기가 사라진 5월에도 추억 속의 딸기를 먹을 수 있다는 것은 기쁨이었다. 채윤

**정만열 농부님의 딸기**
경남 진주
010.3578.7475

농약과 화학비료 없이 유기농으로 키운 딸기를 보내주시는 농부님 덕분에 우리 가족의 봄 식탁은 풍요로워진다. 12월부터 5월 말까지 딸기를 먹을 수 있다. 농부님의 모든 딸기가 무척 맛있지만 특히나 3월부터 5월까지의 딸기는 향과 맛이 남다르다. 아침에 딸기를 꺼내 씻으면 집에 딸기의 단 향이 느껴질 정도다. 어릴 때나 느껴보았던 진하고 달콤한 맛과 향의 딸기를 농부님 덕분에 다시 만날 수 있었다. 여러 농부님들과 직거래를 이어가고 있지만 남강농원 정만열 농부님의 딸기를 만났을 때는 농약 걱정 없이 맛있는 딸기를

먹을 수 있음에 정말로 행복했다. 농부님께는 초여름에 매실 주문이 가능하고 10월 중순 즈음부터는 단감도 주문할 수 있다. 잔류농약 검사성적서를 과일과 함께 보내주시는데 딸기는 검출성분이 허용기준보다 적게 나오는 것이 아니라 아예 없다.

# 찐 감자와 함께 여름의 과일

**장구실 작목반의 수박**
충북 음성
031.792.5965

**김석철 농부님의 무농약 수박**
경북 고령
053.763.8481

'도터스 팜' 웹사이트에서 구입할 수 있다.

**김갑식 농부님의 수박**
전북 남원

무척 맛있는 수박인데 7월 초가 지나면 이미 수확이 모두 끝나서 아쉽게도 오랫동안 맛보지 못한다. '호태 아빠의 자연마을' 웹사이트에서 구입할 수 있다.

**김시영 농부님의 하귤**
제주

자몽을 닮은 국내산 하귤은 한여름이 되기 전에 먹을 수 있다. 무더위가 시작되는 계절에 하귤을 에이드로 즐길 수 있고 시원하게 냉장 보관했다가 바로 먹어도 맛있다.

**박재원 농부님의 참외**
경북 성주
010.2519.9845

색이나 모양을 위해 성장 촉진제를 사용하지 않는 과일은 못생기고 색이 연하지만 그 맛은 남다르다. 참외는 '둘러앉은 밥상'을 통해 주문하는 이재동 농부님의 참외와 박재원 농부님의 참외가 가장 맛있었다. 두 농부님의 유기농 참외를 먹으면서 참외를 껍질째 먹는 즐거움에 눈을 뜨게 되었다. 참외는 장마철 전까지 껍질째 맛있게 먹을 수 있다. 장마철 이후 참외는 맛은 그대로지만 껍질이 두꺼워져 깎아 내고 먹는다.

**이재동 농부님의 참외**
경북 성주

그동안 심심한 맛의 참외만 먹었는지 참외를 좋아하지 않았다. 이재동 농부님의 참외는 그런 입맛을 바꾼 맛있는 참외다. 껍질째 먹는다.

**이동경 농부님의 포도**
경북 상주
010.8797.3206

포도와 거봉, 매실을 재배하신다. 세 마리의 반려견과 남매가 있는 아름다운 가족으로 맛있는 포도와 거봉을 먹을 수 있다. 유기농 거봉을 찾기란 쉽지 않아서 농부님의 거봉은 더 귀하다. 농부님의 포도는 성장 촉진제로 알려진 '지베렐

린'을 사용하지 않아서 거봉에 씨가 있다. 샤인 머스캣도 그렇다. '지베렐린'은 익는 속도를 앞당기고 과실 크기를 키우기 때문에 배나 포도에 필수로 사용된다고 한다. 유기농 매실도 재배하셔서 매실 발효액도 이용한다. '그림이네 가족'으로도 알려진 농부님 가족은 비건 채식을 하신다고. 포도와 매실 외에 봄 새순 나물과 포도즙, 고추 등도 구입할 수 있다.

'행복하게 자란 나무'는 맛있는 열매를 내어준다.
농부님으로부터 철학을 배운다.

선생님 안녕하세요. 오늘 포도 잘 받았습니다. 잘 먹겠습니다. 태풍 피해 없이 무탈하시기를 기원합니다.

오후 8:32

건강한먹거리 찾아주시고 알아봐주셔서 고맙습니다. 20년된 유기농밭에서 열세해 된 거봉나무예요. 시험재배로 심은건데.. 올해 처음으로 4상자 팔았어요..ㅎㅎ 그중에 두상자가 강하라님께 갔네요. 맛나다 하시고 재주문까지 해주시니 힘이 나요.. 덕분에.. 내년엔 더 많이 열릴거란 굳은 믿음을 가져봅니다~^^

MMS
오후 11:18

2019년 10월 3일 목요일

선생님 안녕하세요. 태풍이 지나갔네요. 서울에는 하늘도 맑고 제법 선선한 기운이 들어요. 무척 청량한 휴일입니다. 올해 처음으로 거봉을 판매하셨는데 그귀한것을 제가 받게 되어 간밤에 무척 감사한 마음이 들었습니다. 제가 복이 많은가봅니다. 이런게 제일 큰 복이지요. 감사히 먹고, 또 연락드릴게요. 고맙습니다. 선생님 가정의 아름다운 아이들과 견공들도 행복한 가을을 보내기를 바랍니다.

MMS
오후 2:48

선생님 어제 머루포도 잘 받았습니다.
포도가 정말 맛있어서 놀랐습니다. 잘
먹겠습니다. 귀한 포도 주셔서
고맙습니다.

오전 8:20

오..반가운소식이라 아침부터 기분이
참 좋습니다^^
저희농법이 특별해서 나무가 행복하게
자라서 그런거예요.
시중에선 맛볼수 없는맛이지요.
알아봐주시니 힘이많이 됩니다.
언제 기회가 되면 농원에 방문하셔서
직접 나무를 만나보시길 바래요
소식감사드려요~^^

MMS
오전 8:29

네 선생님댁 포도는 시중에서는 먹을
수 없는 포도맛입니다. 선생님을
알게되어 저희 가족은 큰 복입니다.

오전 8:31

# 따뜻한 차와 함께 가을의 과일

**하종욱 농부님의 사과**
**경북 봉화**
*010.3010.6788*

처음 농부님의 사과를 받고 사과가 색이 진하고 윤기가 많아서 사과 표면에 다른 처리를 하셨는지 물어보았을 정도다. 농부님께서 먼지를 수건으로 닦은 후 보낸다고 하셨다. 해발 500미터에서 자라는 사과는 시중에서 흔하게 맛보는 사과와 맛 차이가 확연했다. 작고 색이 진하고 껍질 무늬가 제각각인 사과를 먹으면, 자연이 키운 본래의 사과는 어떤 것인지 다시 알게 된다. 블루베리와 감자, 콩, 옥수수, 들깨, 단감과 대봉감 등도 주문할 수 있다. 자연재배 방식으로 농사를 하신다. 농부님을 알게 된 첫해 우리는 10Kg 사과를 가을부터 겨울까지 여러 번 주문했고 수수와 들깨, 단감도 계속 먹었다.

**정동준 농부님의 사과**
**경북 의성**

가을부터 이듬해 2월까지 사과를 먹을 수 있다. 이른 가을 수확이 시작되면 한시적으로만 만날 수 있는 여러 품종의 사과를 농부님을 통해 모두 맛볼 수 있다. 농부님의 사과와 시중 사과를 함께 비교해 보기도 했는데 맛에 차이가 컸다. 이제는 맛있는 사과 맛을 알 것 같다.

**이철규 농부님의 사과**
**경북 의성**
*0505.862.0659*

자연재배로 현미를 키우는 농부님인데 사과를 함께 주문할 수 있다. 자연농에 가까운 재배방식을 고수하는 젊은 농부님으로, 미디어에 수차례 주목받기도 하였다. 현미도 농부님께 주문할 수 있다. 2016년 즈음에 농부님께 현미를 처음 주문했는데 추억의 쌀자루에 보내주셔서 기억에 오래 남는다.

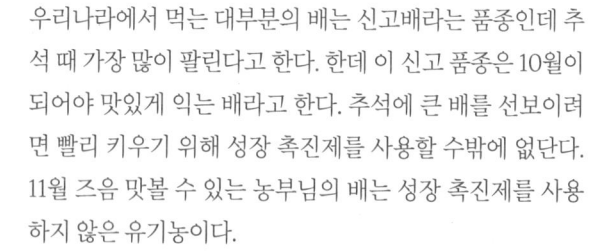

**이현부 농부님의 배**
경북 예천

*www.chamhan.net*
*010.8565.7626*

우리나라에서 먹는 대부분의 배는 신고배라는 품종인데 추석 때 가장 많이 팔린다고 한다. 한데 이 신고 품종은 10월이 되어야 맛있게 익는 배라고 한다. 추석에 큰 배를 선보이려면 빨리 키우기 위해 성장 촉진제를 사용할 수밖에 없단다. 11월 즈음 맛볼 수 있는 농부님의 배는 성장 촉진제를 사용하지 않은 유기농이다.

**이종상 농부님의 배**
전남 보성
010.8723.1574

이종상 농부님의 배는 껍질이 매우 얇다. 껍질째 먹어야 제 맛이다. 달콤한 배즙이 풍부하고 눈이 휘둥그레질 만큼 맛있다. 농부님이 보내신 안내문에 의하면 전국에 만 명이 넘는 배 농부님들 중 25명의 농부님만이 유기농 배 농업을 하신단다. 100년 전 화학농약이 없을 때는 모두 유기 재배로 배 농사를 지었다고 한다. 유기농으로 배 농사를 하시는 분들은 신고배보다 생명력이 강한 원황배, 추황배, 감천배, 만풍배를 가꾸려고 노력하신다고. 유기농은 인간과 자연이 어우러져 살아가야 할 가장 기본이 되는 생태 환경이고 미래 세대에 전해줄 수 있는 유산이라고 강조하신다. 배와 함께 받은 안내문에는 25명의 농부님들이 유기농 배를 위해 정한 약속이 다음과 같이 적혀있었다. "나는 대기환경, 수질보호, 지속 가능한 토양을 위하여 어떠한 화학합성 농약, 화학비료, 생장조절제, 제초제를 사용하지 않고 있습니다. 생물종 다양성을 최우선으로 실천하고 있습니다. 유기농의 기본정신 공생, 배려, 나눔으로 건강한 자연과 사회를 이루는데 노력하겠습니다."

반짝이는 사과의 비결은
수건으로 닦아 보낸 농부님의 정성이었다.

안녕하세요. 선생님, 지난주에 네이버를 통해 사과를 받은 강하라입니다. 스티로폼 완충 없이 사과가 잘 왔고 감사히 잘 먹고 있어요. 사과가 아주 맛있습니다. 혹시 사과가 윤기가 나는것은 본래 그런것인지 아니면 사과겉에 다른 처리를 하시는건지요. 유기농 사과를 꾸준히 먹는데 선생님 사과가 유난히 다른 사과들보다 반짝 반짝 빛이 나서 여쭈어봅니다.

사과를 추가로 주문하고, 블루베리 즙과 감자를 주문하고 싶은데 혹시 가능할까요.

MMS
오후 2:54

다른 처리 한거 없구요. 먼지를 수건으로 닦아서 보낸 겁니다. 사과,블루베리즙은 주문 가능합니다.

31

### 찐 고구마와 함께 겨울의 과일

군고구마와 찐 고구마를 두고 우리는 편이 갈린다. 군고구마는 너무 달아서 찐 고구마가 좋기도 하지만 주로 가족들은 오븐에 구운 고구마를 좋아한다. 고구마가 익는 동안 고소한 냄새에 개들도 냄새를 맡느라 코가 촉촉해진다. 겨울밤, 우리는 따뜻한 고구마와 시원한 귤을 먹으며 영화 보는 것을 좋아한다. 영화가 끝나면 귤껍질이 수북하게 쌓인다. 아이들과의 따뜻한 추억도 한 겹 더 쌓인다.

**별이네 귤**
제주
010.5264.0740

유기농 귤 맛이 특별하다는 것을 알게 해 준 농부님이다. 2017년까지는 온라인 구매가 가능했으나 이후부터 전화주문만 가능했다. 이 원고를 쓰고 얼마 지나지 않아 농부님으로부터 안부 메시지가 왔다. 평소 주문만 할 뿐 따로 연락을 주고받지는 않는데 무더위에 안부 여쭙는다는 연락을 받고 무척 놀랐다. 마음이 아름다운 농부님이 키운 귤이니 그 맛은 말할 것도 없겠다. 주문 때마다 무척 친절하신 농부님이다. 껍질을 먹을 수 있는 귤이라 껍질 활용에 대한 자세한 안내문을 보내주신다. 별이네 귤은 다른 귤보다 새콤한데 후숙 하고 천천히 먹으면 당도가 올라간다. 하지만 우리 집에서는 언제나 후숙 할 시간도 없이 사라진다. 별이네 귤은 겨울의 시작을 알리는 첫 과일이기도 하다. 귤 판매는 일찍 마감되고 이후에는 귤 즙을 구입할 수 있다.

**윤순자 농부님의 귤, 한라봉**
제주
064.787.7272
010.9226.7273

귤도 한라봉도 당도가 매우 좋다. 지난겨울에 농부님의 귤을 여러 박스 먹으면서 지인들께도 조금씩 나눠 드렸는데 귤이 맛있어서 연락처를 받아 가신 분들도 계신다. 그 뒤로 계속 주문한다며 맛있는 귤 농부님을 알게 되어 고맙다고 하니 우리도 기분이 좋다. 후숙이 필요치 않고 받아서 바로 먹어도 무척 달다.

**청산농원 강종규 농부님의
한라봉, 천혜향**
충남 부여
010.3417.6093

아버지의 농사를 이어 받아 고집스럽게 유기농 재배를 하신다는 농부님의 천혜향은 인공 후숙을 하지 않고 주문 후 나무에서 바로 따서 보내주신다.

**영암 호박고구마**
전남 영암
070.4741.1992

**박익신 농부님의 고구마**
충남 서산
010.6427.2760

**김현희 농부님의 고구마**
전남 무안
070.4610.0048

**박종권 농부님의 고구마**
충남 홍성
010.8458.6211

**둘러앉은 밥상**
http://doolbob.co.kr
016.709.6281

9월에 햇고구마를 일찍 만날 수 있는 곳이다. '푸드윈도' 웹 사이트를 통해서 구입할 수 있다.

'논밭상점'을 통해 구입할 수 있다. 10월 중순 즈음 만날 수 있는 농부님의 고구마 박스에는 농부님의 아내가 쓰신 편지가 함께 온다. 편지 내용은 이렇다. 한 성질 하는 남편과 '다음 생애에 서로의 주변에 얼씬거리지도 말자'며 이야기를 나누다가도 남편이 키우는 농산물을 못 먹을까 봐 아쉬울 것 같다고 하신다. 아내분이 쓰신 표현에 의하면 '황소 같은 성질'로 기른 남편의 농산물이기 때문에 다음 생애도 이 사람을 만날 수밖에 없다고. 얼마나 깐깐하게 철학을 지키며 키우실지, 글만 읽어도 짐작이 간다. 삶아서 껍질째 먹는데 우리 집 아이들뿐 아니라 개들도 너무 좋아해서 꺼내놓고 먹기가 무서울 정도다.

계절마다 다양한 농산물을 만날 수 있다. 농부님과 직거래를 연결해주는 곳으로 홈페이지에서 구입할 수 있고 전화 주문도 가능하다. 한번 주문 후에는 모바일로 제철의 과일 판매 소식을 받아볼 수 있다. 과일은 익은 것을 수확하고 먹어야 한다는 대표님과 농부님들의 철학이 멋지다. 실제로 이곳의 과일들은 매우 만족스럽다. 이재동 농부님의 성주 유기농 참외, 제대로 익혀서 터져 오는 유기농 무화과, 살면서 먹어 본 가장 맛있는 경북 영덕 나래농원의 복숭아, 충남 아산 조재호 농부님의 유기농 대추 방울토마토도 '둘러앉은 밥상'을 통해 알게 되었다. 겨울에는 유기농 국내산 레몬을 구입할 수 있다. 사계절 나오는 과일, 채소가 아니라 제철의 농산물을 선보인다.

# 계량하지 않는 요리

"뭘 얼마나 넣는지 모르면 어떻게 요리를 해?" 채윤
"그거 알아도 하려던 대로 요리가 안 나올 텐데. 요리를 하면서 먹어보고 스스로 결정해야 해. 계량대로 계획대로 안 되는 게 요리와 인생이잖아." 하라

전문가들로부터 정교하고 복잡한 요리를 배운 적이 있다. 하지만 자세한 계량을 기억하는 요리는 없다. 단지 어떤 재료를 어떻게 활용하고, 어떻게 조합하면 좀 더 맛있는지를 알게 되었다. 내가 전문가들로부터 요리를 배운 것은 결국 재료의 다양한 활용 경험을 했다는 것에 의미가 있었다.

요리책을 사서 야심 차게 요리를 시도해 본 경험이 있을 것이다. 재료를 구입하고, 도구를 갖추고, 정확한 계량을 하고, 결국 내가 만든 음식이 요리책과 달라 실망하고 자책했던 경험도 있을 것이다. 남은 재료가 더 많아서 버리게 되고, 다시는 요리를 하지 않겠다고 결심도 해 보았을 것이다. 나도 이런 경험이 있다. 왜 사람들이 요리책을 보고 새로운 음식을 만들면 요리가 어렵게 느껴지고 흥미를 잃는지에 대해 오랫동안 생각했었다. 그 답을 계량에서 찾을 수 있었다. 디저트 일부를 제외하고는 요리에서 계량이 크게 중요하지 않았다. 물론 나만의 생각일 수도 있다. 처음부터 계량만을 중요시하면 요리에 흥미를 가지기 어렵다. 요리를 직업으로 하는 것이 아니라면 말이다.

"요리를 하다가 남은 재료가 생기면, 수프를 끓이면 되겠군. 뿌리들을 모아서 채수를 끓이면 시원하겠네. 망쳐도 버릴 게 없다고 생각하니 부담이 없어서 요리에 도전해볼 만하겠어." 채윤

요리는 우리가 어린 시절 다양한 색의 크레용으로 그림을 그리며 노는 것만큼이나 창의적이고 자유로운 분야다. 누군가가 만들어 놓은 레시피의 계량만을 쫓다가는 요리 실력이 늘 수 없다. 대략적인 양과 재료의 종류만을 익히고 스스로 여러 시도를 하면서 좋아하는 맛과 계량을 찾아가는 여정을 경험할 수 있을 때, 요리는 즐겁고 실용적인 능력임을 깨달을 수 있게 된다. 수프에 얼마큼의 물이 필요할지, 소금을 얼마나 넣어야 할지는 스스로 정해야 한다. 레시피를 열심히 적는 것보다 요리하는 것을 한번 제대로 보는 것이 요리에 더 도움이 되듯이 '감으로 요리하는 것'은 중요하다. 점점 더 사람들이 밥을 떠먹여 주는 방식의 레시피에 의존하게 되면서 감별하고 판단하고 생각할 기회를 잃어간다. 우리가 사용하는 오븐과 조리도구는 제각각 다르고 소금의 짠 정도, 된장, 식초의 맛도 모두 다르다. 어떤 조리도구를 쓰는지, 어떤 오븐을 사용하는지, 어떤 식재료인가에 따라 같은 요리라도 다른 맛이 날 것이다. 이런 모든 것을 감안해서 계량을 정하는 것은 형식적일 뿐이다.

요리하면서 자주 맛을 보자. 신맛, 단맛, 짠맛, 씁쓸한 맛 등 향신료와 양념, 자연의 다양한 재료들이 주는 각기 다른 맛들을 살피자. 식당과 집도 차이가 없다. 전문 요리사도, 요리 초보에게도 똑같이 적용된다. 요리를 잘하기 위한 가장 중요한 비결은 요리 과정에서 계속 맛보는 것이다. 수많은 요리사들도 훌륭한 요리를 만들 때 처음에는 끝없이 맛보면서 판단한다. 요리법은 시작할 수 있는 안내문일 뿐이다. 내 입맛에 맞는 지점에서 요리를 멈추면 된다. 생각보다 여러 양념과 향신료가 필요치 않을 것이다. 맛볼 때마다 숟가락이나 도구를 씻고 새것으로 쓰는 것도 잊지 말자.

가장 맛있는 요리는 자연이 주는 신선함 그대로를 남기는 요리다. 요리를 자주 해보면 어느 순간 그 요리가 완성되었을 때의 맛이 어떨지를 미리 짐작할 수 있게 된다. 식품첨가물로 맛을 낸 음식이 아니라 재료 본래의 맛을 살린 음식을 먹다 보면 미각이 훈련되고 맛을 감별하는 정도도 세심해진다. 밥을 떠 주기 보다 숟가락 잡는 법을 알려주고 싶다. 계량 없는 요리 안내가 처음에는 당황스럽고 낯설 수 있지만 어려운 요리들이 없으니 마음의 여유와 함께 즐거운 탐험을 시작해보자. 이 책은 요리에 감을 잡고 다양하게 활용할 수 있는 요령과 상상력에 도움이 될 것이다.

# 케토 채식 *Keto Vegan*

우리는 단순히 먹는 즐거움뿐만 아니라 음식이 우리 몸에 어떻게 작용하는지에 대한 관심도 멈추지 않는다. 우리의 목적 지향점은 건강한 음식을 통해 뇌와 몸이 좋은 상태를 유지해서 긍정적 에너지로 하고 싶은 일들을 즐겁고 잘 할 수 있기 위함이고, 나아가서는 잠시 머물다 가는 이 지구와 존재하는 생명들에게 최소한의 해만 끼치며 살고 싶어서다.

식물 기반의 식사에서도 탄수화물 중심의 지방을 제한하는 식사가 있고 고지방에 저탄수화물 식사가 바람직하다는 방향도 있다. 탄수화물 위주에 저지방 구성의 식사만이 옳을까? 탄수화물을 적게 먹고 지방을 많이 먹는 것이 지속 가능할까? 과연 어떤 것이 우리 몸에 좋을까? 몸에 작용하는 수많은 호르몬과 효소, 영양소들이 어떻게 쓰이는지 눈으로 볼 수 있다면 좋겠다. 하지만 우리의 눈으로 확인할 수 없을 뿐더러 사람들마다 유전적, 환경적 요인이 다르다. 이런 이유로 우리도 치우친 시선을 갖지 않기 위해 여러 방향의 책을 읽고 공부를 게을리하지 않는다.

채식을 한다는 이유만으로 모든 사람에게 엄격한 비건 채식만이 답이라고 말해서도 안된다. 우리가 어떤 것이 해답이라고 말할 수는 없다. 단지 우리 스스로 마음을 열고 일부 정보만 맹신하지 않는 태도로 여러 형태의 식사를 시도해본다. 지속 가능한 삶을 위해 최적의 상태를 유지할 수 있는 방법에 대해서는 스스로 찾아가는 노력이 필요하다. 우리의 상황과 몸 상태에 맞게 좋은 지방을 식단에 추가해보기도 하고 탄수화물을 줄여 보기도 한다. 다양한 재료를 어떻게 요리하고 먹는지에 따라서도 우리 몸은 다른 반응을 보인다. 식사는 단순히 맛을 위함이 아닌 건강한 삶을 위한 방향과도 함께 한다.

이 책의 여러 요리들은 탄수화물 중심의 식사뿐만 아니라 케토 식사로도 응용할 수 있도록 구성했다. 좋은 견과류, 코코넛 오일과 코코넛 밀크, 아보카도와 씨앗류, 올리브 오일은 케토 식사에서 자주 사용하는 재료다. 여기에 뿌리채소, 열매채소, 잎채소를 다양하게 활용할 수 있다. 어떤 식사를 지향하든, 탄수화물과 지방의 비율을 어떻게 해야 할지 고민하는 것보다 중요한 것은 식품첨가물과 화학성분, 고도의 가공을 거친 식품과 설탕, 정제 곡물을 피하는 것이다. 다른 사람이 정해둔 기준으로 스스로를 강박하거나 강제하지 않고 마음을 열어 다양한 식사를 경험해보자. 몇 권의 책만으로 이것만이 옳고 정답이라는 자만을 조심하자. 무엇보다 식사는 즐겁고 건강적으로도 지속 가능할 수 있어야 한다.

# 제철 나물

볕이 따사로운 봄날 가족과 남산에 올랐다. 여기저기 봄나물을 캐는 어르신들의 분주한 손이 보인다. 괜스레 곁에 가서 구경하며 물었더니 봄 쑥은 약이라고 하신다. 처음 들어본 이름의 나물도 많았다. 다 먹을 수 있는 나물이라는 말에 부자가 된 기분이다. 채윤

봄철에 좋은 에너지를 가득 품고 자란 봄나물은 생으로 먹거나 익혀서 나물로 먹을 수 있다. 요즘은 계절에 관계없이 다양한 나물 채소를 구입할 수 있지만 봄철에 농부님들께 직접 받는 나물 채소는 생명이 넘친다. 가까운 지역의 채소 장터를 이용한다면 지역 농부님들의 정성을 먹고 자란 좋은 채소를 구입할 수 있다. 나물마다 각기 다른 향이 있는데 이향을 감추는 간은 최소한으로 하는 것이 좋다. 다진 마늘이나 파를 넣어 나물 본연의 향을 감추기보다 채소가 가진 그대로의 향을 느낄 수 있는 최소한의 조리를 하자.

살짝 익히고, 물기를 뺀 후 간을 더하기만 하면 끝이다. 보통 데친 후 찬물에 담그는데 색이 선명해지는 대신 향과 맛이 떨어지기 때문에 나는 찬물에 담그지 않고 물기만 빼서 양념을 더한다. 나물은 바로 만들어 그날 먹을 때가 가장 맛있다. 냉장보관이 길어질수록 나물이 가진 고유의 향이 사라진다. 간은 살짝 묻혀만 준다는 느낌으로 더하자. 부족하면 더할 수 있지만 과하면 나물이 가진 맛이 가려질 수 있다. 나물을 데치는 과정에서 영양소가 줄기 때문에 끓는 물보다 김이 올라오기 시작하는 물에서 가볍게 익히는 것이 좋다. 나물 데친 물과 물기를 짤 때 나오는 채수는 국이나 수프를 끓일 때 활용할 수 있다.

1. 큰 냄비에 물을 받아 익힐 준비를 한다.
2. 흙을 털듯이 나물 채소를 물속에서 흔들어 씻는다. 2~3번 반복한다.
3. 물이 끓기 전, 뜨거운 김이 오르면 채소를 데친다.
4. 채반에 건져 식기를 기다렸다가 물기를 짜내고, 먹기 좋은 크기로 자른다.
5. 된장, 고추장, 간장, 소금, 들깻가루, 콩가루 등 원하는 양념에 버무린다. 나는 주로
   소금만 뿌려 섞은 후 들기름을 더해 먹는 나물을 즐겨 만든다.

## 다양하게 활용할 수 있는 튀김 반죽과 기름 선택

봄철에만 먹을 수 있는 신선한 향이 담긴 나물 채소들은 튀김으로 먹어도 별미다. 두릅, 냉이, 방풍, 유채, 쑥 등 각각 다른 향과 맛을 가졌다. 나물 채소를 튀길 때 유용한 튀김 반죽을 소개한다. 중력분 밀가루와 옥수숫가루를 3:1 비율로, 알루미늄 성분이 없는 베이킹파우더 약간과 소금, 후추, 맥주를 넣어 반죽을 준비한다. 밀가루 대신 쌀가루를 쓸 수도 있는데 식감이 좀 더 녹진하다. 차가운 맥주를 조금씩 섞어가며 걸쭉하게 흘러내릴 정도로 반죽 질감을 맞춘다. 이 반죽은 향을 그대로 살리는 봄철의 나물 채소를 튀길 때 유용하다.

그 외 두부, 템페, 버섯, 애호박이나 브로콜리, 당근, 아스파라거스, 양파, 감자 등 다양한 재료를 튀길 때는 허브와 향신료를 더 넣는다. 기본 반죽에 카옌페퍼, 다진 허브를 넣기도 한다. 고수나 실파, 이탈리안 파슬리를 다져서 넣으면 튀겼을 때 맛이 더 풍부하다. 커민이나 커리 가루를 조금 더하면 중동의 이국적인 튀김을 즐길 수도 있다. 곱게 다진 마늘도 넣을 수 있다.

냉장고에 만들어 둔 소이 요거트가 있으면 소금과 후추로 밑간을 한 채소를 요거트에 버무린 후 현미가루나 아몬드 가루, 코코넛 가루에 한번 굴려 튀기기도 한다. 튀김 반죽에 요거트가 무슨 말이냐고 싶겠지만 무척 맛있다. 꼭 해보시기를 추천한다. 코코넛 가루는 기름을 많이 먹기 때문에 아주 얇게 입혀 주어야 한다.

곡물가루 대신 아몬드 가루나 코코넛 가루를 입혀 튀기면 탄수화물을 제한하고 좋은 지방을 먹는 케토 채식으로도 적

합하다. 튀김요리를 할 때는 좋은 기름 사용이 중요하다. 튀김에 좋은 오일은 발연점이 높은 아보카도 오일이다. 코코넛 오일, 마카다미아 오일, 헤이즐넛 오일도 괜찮다. 반면 엑스트라 버진 올리브 오일은 높은 온도의 조리용으로는 적합하지 않고 생식으로 훌륭하다. 카놀라유와 포도씨유, 대두유는 우리 몸에 이롭다고 알려진 다중 불포화지방군에 속하지만 고도로 가공되면서 산화로 인해 염증 유발의 원인으로 밝혀졌다. 현미유는 현미 조청과 마찬가지로 많은 양의 현미를 가공해서 만들기 때문에 현미밥과 달리 피틴산 농축 우려가 있어서 우리는 먹지 않는다. 이렇듯 기름 선택은 한 번쯤은 시간을 들여 공부하고 알아 둘 가치가 있다. 기름이라고 모두 나쁜 것이 아니라 먹어야 하는 기름과 먹지 말아야 하는 기름이 분명 다르기 때문이다.

깊이가 있는 팬에 오일을 자작하게 채워서 재료를 뒤집어가며 튀기면 기름 사용량을 줄일 수 있고 간편하다. 나는 주로 깊이가 있는 중간 크기의 무쇠냄비에 절반가량 기름을 채우고 튀긴다. 먹음직스러운 색이 나올 때까지 튀긴 후 기름을 빼고 뜨거운 상태에서 입맛에 맞게 소금을 뿌려 먹으면 된다.

# 머위 된장의 힘

'이가라시 다이스케' 작가의 만화책 <리틀 포레스트>에는 머위 된장 이야기가 나온다. 엄마의 요리를 추억하며 주인공은 어릴 적 먹던 머위 된장을 만든다. 냉장고에서 1년은 보관할 수 있다는 머위 된장을 1년간 먹는 것은 무리라고 말한다. 금방 다 먹어버리기 때문이다. 책에는 머위를 기름에 볶고 된장, 미림, 설탕을 섞는다. 지난봄에 머위를 넉넉히 사다가 건강한 조리법으로 만들어보았다. 기름은 들깻가루로, 설탕은 조청으로 대신하고 미림은 생략했다. 머위를 볶지 않고 생으로 잘라 섞었다. 이렇게 만든 머위 된장은 그 맛의 힘이 대단했는지 아들에게 칭찬받는 요리가 되었다. 머위 된장에 쌈밥을 먹는 저녁, 아들은 머위 된장이 너무 맛있다며 엄마 아들로 태어나서 좋다고 했다. 엄마가 다음 세상에 개구리로 태어난다면 엄마의 올챙이로 태어나겠다고 했다. 머위 된장의 대단한 힘이다.

머위는 향이 강하고 동의보감에도 폐의 기운을 좋게 한다고 전해진다. 스위스에서 머위는 항암치료 식품이기도 하고 미국에서는 머위로 만든 건강기능식품을 팔기도 한다. 3월과 4월에 부드러운 머위를 만날 수 있고 5월의 머위는 좀 더 거친 식감이었다. 마트에서는 구입이 어렵지만 인터넷에서 농부 직거래로 머위를 구입할 수 있다. 머위 꽃은 특히나 그 향이 훌륭한데 꽃을 구할 수 있다면 머위 된장에 꽃을 함께 넣어도 좋다. 불 조리 없이 씻고, 썰고, 섞기만 하면 된다. 식사 때마다 입맛을 돋워주는 계절의 별미다. 고구마 조청을 넣어 만들었는데 취향에 따라 원당을 넣을 수도 있고 다양한 조청을 이용할 수도 있다. 현미밥과 채소에 머위 된장만 있다면 한 끼로 충분하다. 머위 된장에 비빈 밥을 김밥으로 싸 먹어도 좋다. 채소를 팬에 볶은 후 물과 코코넛 밀크를 1:1로 섞어 바닥을 덮을 정도만 부어서 데운 후 머위 된장을 연하

게 풀어 간을 하면 이국적인 된장 채소 스튜로 먹을 수 있다. 간을 심심하게 해서 두부 등에 끼얹어 케토 식사로도 밥 없이 먹을 수 있다.

1. 머위 잎, 줄기, 꽃을 모두 사용할 수 있다. 가볍게 씻어 물기를 털어 뺀다.
2. 잘게 썰어 큰 용기에 담는다. 잘게 썰면 된장과 잘 어우러진다.
3. 된장, 조청, 들깻가루를 머위와 섞는다. 들기름을 더해도 좋다. 밀폐용기에 담아 냉장 보관한다.

**가을향기 유기농 된장**
경기 양평

직접 재배한 유기농 콩으로 메주를 만들고 재래 된장과 간장을 만드는 곳이다. 유기농 볏짚을 이용해서 자연발효시키고 노지의 옹기에서 자연 숙성으로 만들어진다. 우리나라에서 최초로 장류에서 유기가공식품 인증을 받았다고 한다. 유리용기에 된장이 담겨 오는 것도 마음에 들었다. 시판 된장에 첨가물이 많은데 국내산 유기농 콩과 천일염으로만 만드는 전통식 된장이다. 된장 맛이 좋아서 다시마 물만 우려도 된장국이 맛있어진다.

**안동제비원 발효된장**
경북 안동

**콩항아리 전통장**
010.9963.2227

재래식 된장, 보리고추장, 저염 청국장, 간장 등을 구입할 수 있다. 마르쉐 시장에 출점하시기 때문에 마르쉐 시장에서 맛을 보고 구입도 가능하다. 주로 저염 청국장을 애용하고 있다.

**성삼섭 농부님의**
**고구마 조청**
경남 의령

아이들 떡볶이 만들 때와 머위 된장 만들 때 넣는 고구마 조청은 고구마와 엿기름만으로 만들어진다. 물엿이나 설탕 대신 사용하는데 가마솥에서 오랫동안 만드는 정성만큼 단맛을 내는 재료로 훌륭하다.

**삼마사 농장의 머위, 취나물**
경남 고성

경남 고성의 삼마사 농장에서 유기농 머위를 구입한다. 쌈을 먹기도 하고 된장을 끓이기도 하는데 머위 된장을 만들어 먹는 기쁨이 가장 크다. 삼마사 농장에서는 취나물과 머위를 구입할 수 있다. 머위 꽃은 <채소생활> 농부님에게도 구입이 가능했다. 3월과 4월의 머위는 부드럽고 5월 꾸러미에 받았던 머위 잎은 향이 더 진했다. 쌈으로 먹으면 입 안 가득 머위 향이 근사하다.

e경남몰
www.egnmall.net

경남 지역의 특산물만 판매하는 곳이다. 경남뿐 아니라 도마다 특산물 쇼핑몰이 있을 것이다. 지역 특산물 웹사이트에서는 지역 농부님들의 작물을 쉽게 만날 수 있다. 우리는 주로 이곳을 이용하는데 지리산 특산물을 자주 구입한다. 지리산 자락에서 살고 싶은 우리의 로망 때문에 경상남도 특산물 쇼핑몰을 이용하는 것일 수도 있겠다. 좋은 버섯류와 나물 채소, 현미와 과일 등 다양한 농산물을 구입할 수 있다. 여러 번 이용했는데 각각 다른 농부님들로부터 배송이 오지만 늘 빠르고 정확했다. 머위와 취나물 농부님, 남강농원 딸기 농부님도 이곳을 통해 알게 되었다.

김권기 농부님의
아스파라거스
충북 영동
010.4906.3280

아스파라거스는 꾸러미 정기 채소를 받는 경우 봄철과 가을에 받아 볼 수 있고 따로 재배하시는 농부님을 통해 구입할 수도 있다. 하우스에서는 2월이면 아스파라거스가 올라온다. 국내산 아스파라거스가 나오는 계절에 다양하게 요리해서 먹을 수 있는데 주로 봄철에 아스파라거스가 풍성하게 나오고 가을에 소량 먹을 수 있다. '채소생활' 농부님께 받는 아스파라거스는 대가 얇고 단맛이 진하다. 김권기 농부님의 아스파라거스는 크고 두꺼워서 요리를 할 때 식감을 살릴 수 있었다. 우리 땅에서 나는 아스파라거스는 수입품과 비교할 수 없는 맛과 향을 가진다. 우리 아이들은 생으로 먹는 아스파라거스를 좋아하지 않지만 우리 부부는 좋아한다. 아이들에게는 싫은 채소가 있더라도 선입견을 가지지 말고 한참 후에 또 먹어보라고 일러준다. 몇 번의 기억으로 영원히 먹지 않는 채소가 생기면 너무 아까우니까. 우리 집 개 이든도 생으로 먹는 아스파라거스를 좋아한다. 질겨서 잘라내는 끝부분은 언제나 이든 몫이다.

# 달큼한 채소 찜

아침저녁으로 찬 기운이 느껴지고 이불 속에서 나오기 싫어지면 채소 찜을 먹는 계절이 왔다는 뜻이다. 냉장고에 있는 채소를 골라 매일 다르게 채소 찜을 먹을 수 있다. 채소가 가진 본래의 개성 있는 맛들이 잘 느껴지면서 따뜻하게 먹을 수 있는 방법이다. 씻고, 적당한 크기로 자르고, 김이 폭폭 오르는 커다란 냄비의 찜 채반에 담아 쪄낸다. 무쇠냄비가 있다면 물을 소량만 넣어 약불에 뭉근하게 익혀도 좋다. 나는 설거지를 줄이기 위해 주로 무쇠냄비에 저수분으로 익힌다. 채소 찜은 다른 찬이 없어도 현미밥과 배불리 먹을 수 있다. 쪄낸 채소와 현미밥을 먹으면 채소 하나하나가 가진 다른 맛들이 느껴진다. 그 맛을 알게 되는 즐거움은 행복의 기대수치를 낮추는 좋은 작용을 한다.

채소 찜은 토마토나 시금치, 양배추, 무, 애호박, 콜라비, 당근, 양파, 청경채, 버섯 등 일상에서 자주 먹는 소박한 채소들을 활용할 수 있다. 아스파라거스, 감자, 브로콜리를 썰어 찐 후 소금과 후추로 간하고 올리브 오일을 둘러 먹어도 훌륭한 식사가 된다. 레몬 간장을 곁들여도 좋다. 레몬즙은 풍미가 좋아서 간장과 잘 어울리는데 가공 레몬즙은 레몬의 풍미가 없고 신맛만 있으니 레몬을 바로 짜서 사용하자.

케토 식사로도 채소 찜은 훌륭하다. 채소를 익혀서 올리브 오일을 얹어 먹거나 코코넛 밀크에 자작하게 익혀 먹어도 된다. 익힌 채소에 레몬즙과 오일을 뿌려 먹으면 포만감이 오래간다. 포만감에 대한 경험상 현미밥과 지방이 적은 찬에 쌈 채소를 먹을 때보다 밥을 먹지 않고 채소 찜과 견과류에 좋은 지방을 넉넉하게 곁들여 샐러드처럼 먹었을 때 다시 배고파지는 시간이 늦게 찾아왔다. 케토 식사 전문가들이 말하는 공복감으로부터 자유로워질 수 있다는 주장은 완

벽한 케토 식사를 하지 않았어도 어느 정도 몸으로 느낄 수
있었다.

1. 단단한 채소와 빨리 익는 채소를 구분한다. 감자나 당근, 무는 불에 냄비를 올릴 때 부터 넣는다. 채소들이 어느 정도 익으면 잎채소나 여린 열매채소를 추가로 넣는다.

2. 채소가 익는 동안 레몬 간장을 준비한다. 물과 간장으로 짠 정도를 맞추고 좋아하 는 만큼 레몬즙을 짜서 넣는다. 약간의 후추를 더해도 좋다.

3. 따뜻한 밥과 채소 찜, 레몬 간장, 간하지 않은 생김을 곁들인다. 올리브 오일을 얹어 먹어도 좋다.

## 레몬

레몬도 국내 재배가 늘었다. 따뜻한 차를 마셔야 하는 계절에는 아침에 처음 마시는 따뜻한 물에 레몬즙을 짜 넣기도 한다. 차 대신 레몬즙만으로 기분 좋은 아침을 시작할 수 있다. 레몬은 상온에서 보관하면 후숙 되면서 달콤한 맛과 신맛이 잘 어우러진다. 밝은 노란색이 보기에도 좋아서 바구니에 풍성하게 담아둔다. 살짝 말랑하게 익은 레몬부터 골라 사용하는데 자르기 전 레몬을 바닥에 놓고 손바닥에 힘을 주어 누르며 굴려준다. 한두 번 굴려 준 후 잘라서 즙을 짜면 레몬즙이 더 잘 배어 나온다. 즙을 낼 때는 따로 도구가 필요 없다. 포크 하나면 레몬즙을 쉽게 짤 수 있다. 자른 단면이 꽃잎 모양으로 나오도록 레몬 중간을 자른다. 한 손에 레몬을 쥐고 다른 손에 든 포크로 레몬 속에 찔러 넣는다. 포크를 위아래로 움직이면서 레몬을 눌러 짜면 속 즙까지 짜낼 수 있다. 씨는 포크 끝을 이용해 빼내면서 짠다.

한정삼 농부님의
레몬과 제주 한스에코팜
제주
*064.753.5055*

겨울부터 구입할 수 있고 4월에 접어들면 구입이 어려워진다. 박스에 동백꽃을 함께 얹어 주시는데 이런 것이 농부님들과 연결된 소소한 기쁨이다. 동백꽃은 다음 해 주문에는 아쉽게도 없었지만 빨간 열매가 가득 달린 이름 모를 가지가 예쁘게 들어 있었다. 농부님의 레몬이 동이 나면 어디에서도 박스 단위로 무농약 레몬을 구할 수가 없어서 소포장으로 구입하곤 했는데 해마다 친환경으로 레몬을 키우는 농부님들도 늘어나서 이제는 선택의 폭도 넓어졌다. 한정삼 농부님의 레몬은 '제주 한스에코팜'을 통해 구입할 수 있다. 2월 즈음이면 레몬 할인 행사도 하는데 나는 요리에 다양하게 쓰이는 레몬을 넉넉하게 구입해서 일부는 실온에, 일부는 냉장보관 후 사용한다. 실온에 둔 레몬부터 차례대로 사용하면 냉장보관했던 레몬도 신선하게 사용할 수 있다.

'제주 한스에코팜'에서 레몬뿐만 아니라 제주도의 다양한 친환경 채소와 과일을 주문할 수 있다. 레몬 주문하면서 제주 당근이나 유기농 브로콜리를 함께 주문하기도 한다. 콜라비, 양배추, 자색 양파, 적양배추, 비트, 무를 유기농으로 주문할 수 있다.

아름다운 동백꽃이 함께 있던 레몬 박스. 꽃을 얹어 보내는 농부님의 마음이 느껴진다.

### 큰 냄비와 찜 채반

큰 사이즈의 냄비와 스테인리스 채반을 갖추면 채소 찜을 하거나 감자, 고구마를 삶을 때 유용하게 쓸 수 있다. 꽃잎처럼 오므라들고 펼칠 수 있는 채반을 선택하면 다양한 냄비 크기에 맞출 수 있다. 큰 냄비는 파스타를 삶거나 나물을 데칠 때도 자주 쓰게 된다. 여러 종류의 냄비를 갖추기보다 큰 냄비, 작은 냄비 하나씩과 팬 하나면 모든 요리가 가능하다.

### 무쇠 냄비

스테인리스 냄비만 사용하다가 프랑스 요리를 배우면서 무쇠냄비를 샀다. 그때 샀던 무쇠냄비는 오랫동안 요긴하게 쓰고 있다. 일본 츠지 요리학교에 몸담고 계시는 두 분의 교수님께 프랑스 요리를 배웠는데 무쇠냄비를 수업 때 즐겨 사용하셨다. 여러 가지 조리도구에 대한 관리와 사용법에 대한 것도 배웠는데 무쇠냄비 시즈닝에 대한 이야기는 듣지 못했다. 나 또한 지난 5년간 무쇠냄비를 쓰면서 사용 후 물기를 불에 달궈 말리고 기름을 발라놓는 시즈닝을 해 본 적은 없다. 때로는 음식을 담은 채 냉장고에 일주일 이상 보관하기도 했다. 여행을 다녀오느라 수개월 집을 비워도 무쇠 냄비들은 녹슬지 않았다. 무쇠 냄비를 처음 쓸 때뿐만 아니라 매번 요리 후 시즈닝을 하라는 말은 최근에서야 들었다. 물론 알려진 것처럼 시즈닝을 부지런히 한다면 무쇠냄비를 더 좋은 상태로 쓸 수 있을 것이다. 무쇠냄비가 스테인리스 냄비보다 유용하게 쓰이는 때는 채소를 찌거나 고구마, 감자, 콩 등을 삶을 때다. 물을 거의 넣지 않고도 고구마와 감자가 맛있게 익고 콩을 삶는 것도 조리시간이 단축된다. 채소를 굽거나 파스타를 볶을 때도 즐겨 쓰고 소스를 만들 때도 자주 활용한다. 오븐 용기로도 좋고 무쇠냄비에 빵을 굽기도 한다. 소량의 튀김도 무쇠냄비나 깊은 팬으로 편하게

할 수 있다. 뭉근하게 약불에 끓여야 하는 모든 요리에도 무쇠냄비는 유용하게 쓸 수 있다. 고구마나 감자를 약불에 삶으면서 탈 걱정을 하지 않고도 잠시 다른 일을 할 수도 있다. 단 타이머를 맞추고 절대 잊지 말아야 한다! 물론 오븐이나 밥통의 찜 기능을 활용해도 되지만 무쇠냄비에 뭉근하게 요리하는 것도 재미가 있다. 나의 무쇠냄비 관리법이라면 특별한 것은 없지만 어떤 요리를 했든 세제를 사용하지 않고 물로만 씻는다. 따뜻한 물로 잘 씻고 물이 빠지도록 말리면 언제든지 다음 요리를 위해 나의 냄비들은 충성스럽게 준비되어 있다.

# 채소 커리

유학시절에 커리를 먹고 싶어서 인디언 마켓을 찾았다. 커리가루를 찾는 내게 주인아저씨가 주신 가루를 받아서 집으로 왔다. 채소를 다듬고 썰고 볶으며 커리를 만드는 즐거움과 기대감이 있었다. 가루와 물을 넣고 끓였는데 내가 생각하는 커리가 되지 않아서 가루를 계속 넣었다. 아무리 넣어도 커리의 질감이 아니었고 맛은 전혀 커리가 아니었다. 결국 주인집 아주머니가 뒷수습을 해주셨는데 내가 사 온 가루는 강황가루였다. 커리가루에는 강황가루 외 많은 재료가 들어가는데 강황가루만 계속 넣었으니 고소하고 부드러운 맛의 커리가 될 리 없었다. 강황가루의 맛을 부드러운 커리로 되살리는 데는 주인집 아주머니의 수고로움과 많은 재료가 들어갔다. 조금만 만들려고 했는데 양도 엄청나게 늘었다. 그 뒤로 2주간 커리를 먹었다. 한동안은 커리 생각이 나지 않았다. 아내의 레시피를 알았더라면 고소하고 진한 커리가 이국땅에서 그립지 않았을 것이다. 채윤

커리는 그 자체로 맛과 향이 풍부해서 뿌리채소나 콩과 잘 어울린다. 감자나 당근뿐 아니라 연근과 우엉도 커리 재료로 훌륭하다. 우엉은 커리와 만나서 향이 더 부드러워지고 맛이 좋아지는데 뜨거운 음식을 먹는 계절에는 우엉과 연근을 자주 활용한다. 콩, 시금치, 당근 등 단일 재료로 커리를 만들거나 여러 재료를 다양하게 활용해도 된다. 커리를 한 솥 만들어 냉장 보관했다가 채소 찜을 먹는 날 곁들이기도 하고, 남은 커리에 채수를 부어 따뜻한 커리 국수를 먹기도 한다. 채소로 만든 커리는 맛이 섬세하다. 김치와 함께 먹어도 좋지만 발사믹을 연하게 더한 잎 샐러드를 곁들이면 커리와 발사믹의 강한 맛이 서로 잘 어울린다.

커리를 만들 때 재료를 기름에 볶는 것이 일반적이지만 조

리를 끝낸 후 마지막에 코코넛 오일을 더하는 방법도 있다. 오일을 넣지 않고 커리를 만들 수도 있다. 채소를 볶는 대신 물에 끓이고 커리가루를 섞으면 된다. 요즘은 좋은 커리가루를 구입할 수 있는 선택이 많다. 채식 커리로 찾으면 첨가물 없는 괜찮은 커리가루를 구입할 수 있다. 시판 커리는 커리의 걸쭉한 질감을 내기 위해 밀가루를 사용한다. 밀가루 대신 쌀가루나 수수 가루를 넣어도 좋다. 나는 주로 칡 전분을 넣는다. 곡물 가루 대신 물 양을 자작하게 넣고 코코넛 밀크를 더하면 케토 식사로 적합하다.

소설 <어젯밤 카레, 내일의 빵>은 상실의 아픔을 담은 이야기다. 남편이 죽은 뒤, 아내와 남편의 아버지가 다시 일상을 살아간다. 두 사람의 삶에 떠난 이를 추억하는 매개는 커리다. 음식은 사람을 떠올리는 신비한 힘이 있다. 책에서는 커리 재료로 쓰이는 카다멈이라는 향신료를 일컬어 씹을수록 힘이 나니 지칠 때 먹으라고 한다. 카다멈은 생강과의 향신료로 염증에도 좋다고 한다. 블루베리 스무디에 카다멈을 조금 넣으면 부담 없이 자주 먹을 수 있다.

가족들은 커리를 먹을 때마다 사람들이 좋아할 거라고 커리 식당을 열어야 한단다. 한 그릇 음식은 찬이 많은 식사보다 식탁에 오른 그 음식에 집중하게 해준다. 그릇이 비워질수록 마음과 몸의 허기는 채워진다. 한 그릇에 집중하는 식사를 했을 때, 일상의 작은 만족이 주는 평화로운 기쁨을 느끼게 된다. 작은 기쁨들이 이어져 결국은 매일 기쁜 순간을 마주할 수 있다. 위로받고 싶은 날은 찬이 많은 식사보다 커리나 국수, 수프처럼 한 그릇의 따뜻한 요리가 좋아진다. 나도 이런 음식들로 수많은 위로를 받았다. 김이 오르는 따뜻한 커리 한 그릇은 칠 첩 반상보다 마음을 더 잘 어루만져 주는 것 같다. 그대도 따뜻한 커리 한 그릇으로 힘을 얻으셨으면 좋겠다.

1. 큰 냄비에 다시마와 단단한 채소(당근, 감자, 우엉, 연근)를 넣고 넉넉한 물로 끓인다. 물이 부족하면 물을 더 넣고, 물이 많으면 커리를 많이 만들 수 있으니 물을 얼마나 넣을지 걱정 말자. 요리 실력은 잘 만들어진 참고서로부터 얻어지는 것이 아니라 로빈슨 크루소처럼 탐험하면서 늘게 된다. 물과 코코넛 밀크를 1:1 기준으로 가감해서 만들면 태국 스타일의 코코넛 커리를 만들 수 있다. 코코넛 밀크를 넣는다면 재료가 모두 익은 후 마지막에 넣고 간을 맞추자.

2. 단단한 재료가 익을 때쯤 다시마를 건진다. 건져 식힌 다시마를 먹기 좋게 썰어 다시 넣어도 된다.

3. 버섯이나 시금치, 껍질콩, 배추 등 금방 익는 채소들을 추가로 넣는다.

4. 불을 낮추고 커리가루를 조금씩 넣으며 풀어준다. 커리의 걸쭉한 질감을 위해 곡식 가루(현미가루, 수수 가루, 옥수숫가루, 찹쌀가루, 감자 가루)를 미리 물에 풀어 넣는다. 곡식 가루를 많이 넣을수록 커리의 질감이 되직해진다. 커리가루를 포함한 가루 종류는 미리 소량의 물에 풀어 요리에 더하면 쉽게 풀린다.

5. 간장으로 간하고 불에서 내린 후 영양 효모를 넣는다. 영양 효모는 1인 기준 한 큰 술 정도에서 취향에 맞게 가감하면 된다. 나는 영양 효모를 듬뿍 넣는 편이다. 효모의 풍미로 커리에 깊은 맛을 낼 수 있다. 취향에 따라 고수나 이탈리안 파슬리를 얹는다.

## 커리

시판 가루 커리에는 커리 향신료와 밀가루, 맛을 내는 조미 성분과 양파, 마늘 가루 등이 배합되어 있다. 커리의 진한 풍미를 살리고 싶어서 밀가루가 들어가지 않은 커리가루를 사용하는데 *Starwest Botanicals, Organic Curry Powder* 제품이다. 고수풀과 강황, 커민, 카옌페퍼, 생강과 계피 등 진한 향신료만 배합된 커리가루다. 조금만 사용해도 커리맛이 진하게 느껴져서 한 봉지를 사면 오랫동안 사용한다. 시판 커리가루에 들어가는 식품첨가물과 MSG, 소나 닭의 뼛가루, 밀가루가 없기 때문에 처음에는 맛을 어떻게 내야 할지 당황스러울 수도 있다. 다시마 우린 물, 현미가루나 수수 가루, 옥수숫가루를 더하고, 마지막에 고소한 풍미를 영양 효모로 더할 수 있다. 커리는 코코넛과 맛 궁합이 매우 좋다. 인도식 커리맛에 적응이 필요하다면 처음에는 오일을 넉넉히 사용해서 요리하는 것도 요령이다.

## 영양 효모

당밀을 배양해서 만드는 영양 효모는 글루텐이나 당, 유전자 변형이 없는 식품이다. 현대인들에게 부족하기 쉬운 비타민 B12의 풍부한 영양원이 된다. 영양 효모는 천연 발효에서 만들어지는 치즈풍미가 있어서 서구권 비건들이 즐겨 사용하는 식재료다. 효모를 선택할 때는 맥주효모가 아니라 *Nutritional Yeast*라고 적힌 영양 효모 제품을 선택하자. *Kal, Nutritional Yeast* 제품을 이용하며 아이허브 웹사이트에서 구입이 가능하다.

# 채소구이 파스타

요리에서 담음새는 중요하다. 정성스럽게 자른 채소를 굽고 파스타나 밥에 올리는 것만으로도 보기 좋은 요리가 된다. 마음을 비우고 채소를 썰다 보면 복잡했던 심경도 위로가 될 수 있다. 아이들도 보기 좋은 것을 더 좋아한다. 평소 관심 없던 채소도 보기 좋게 담아주면 손이 가게 된다. 재료는 단순하게, 조리과정도 단순하게, 좋아하는 그릇에 예쁘게 담아 먹자.

뿌리채소들은 익히면 맛이 더 진해진다. 현미밥에 쌈 채소를 먹다가 날이 추워지면 채소를 굽거나 찐다. 조금 신선도가 떨어지는 채소라도 굽게 되면 꽤 괜찮은 맛으로 먹을 수 있고 오븐을 활용하면 굽는 동안 다른 일을 할 수도 있다. 팬을 이용해서 굽든 오븐에 넣어 굽든 채소를 구울 때는 자른 채소에 미리 오일과 소금을 뿌려 버무린 후 구우면 맛있게 구워진다. 뿌리채소들은 특히나 채소구이에 잘 어울리는 재료다. 우리는 감자, 당근, 순무, 자색 무, 우엉, 연근 등을 채소구이로 즐겨 먹는다. 여러 채소를 한 번에 구울 때는 채소의 단단한 정도를 고려해서 익는 데 시간이 걸리는 채소는 더 얇게 썰면 된다. 당근이나 감자, 단호박 등을 구워서 밥이나 빵과 곁들여 먹어도 좋지만 그 자체만으로도 든든한 식사가 될 수 있다. 쌉싸름한 잎채소를 생으로 잘게 썰어 구운 채소와 섞어 먹어도 맛있다. 뿌리채소들은 구우면 단맛이 올라가서 쓴맛의 잎채소와도 궁합이 좋다. 맛있게 구워진 뿌리채소에 쌉싸름한 치커리나 경수채를 넣고 레드와인 식초나 레몬즙을 뿌려 먹으면 맛있고 근사한 한 끼가 된다. 비트도 구워 먹기에 좋은 뿌리채소다. 단맛이 덜한 비트라도 실망하지 말자. 약간의 메이플 시럽이나 원당을 뿌려 굽고 샐러드나 요리에 곁들이면 비트의 상큼한 흙 향이 단맛과 잘 어우러진다. 겨울에는 뿌리채소를 구워서 밥이나 빵

과 먹기도 하고 때로는 잎채소만 넣어 샐러드처럼 먹기도
한다. 귤을 잘라 샐러드에 넣기도 하고 삶은 파스타면을 함
께 먹기도 한다. 구운 채소들은 파스타와도 잘 어울리는데
토마토나 크림소스 파스타처럼 흔하지 않으면서 준비도 간
단해서 손님상에도 좋다. 채소는 당근, 브로콜리, 굵게 썬 양
파, 껍질콩, 연근, 우엉, 마, 무, 애호박, 래디시, 가지, 봄철의
잎나물 등 다양하게 활용할 수 있다. 채소가 따로 정해져 있
지 않으니 여러 채소를 과감하게 사용해보자.

1. 채소를 팬에 굽는다. 큼직한 크기로 준비하면 먹음직스럽고 채소 각각의 맛도 잘 느낄 수 있다. 팬에 기름을 두르는 것보다 채소에 약간의 기름을 미리 버무려 준다는 느낌으로 소량만 묻힌 후 굽는다. 큰 볼에 채소를 담고 오일을 더해 살짝 버무린 후 구우면 된다. 소금, 후추로 가볍게 간한다.
2. 파스타를 익힌다. 물에 소금을 넣고 끓이면 파스타에 간이 되어 감칠맛이 올라간다. 파스타 삶는 물은 바닷물보다 덜 짠 정도가 좋다.
3. 익힌 파스타와 구운 채소를 넉넉한 크기의 그릇에 담고 소량의 올리브 오일을 더해 가볍게 섞어준다. 소금과 후추로 간을 더한다. 간장으로 간을 해도 좋다. 이탈리아 요리에서 파스타의 감칠맛을 위해 안초비를 사용하는 데 이를 대신해서 간장을 사용할 수 있다. 채소와 파스타 각각에 간이 되어 있으니 미리 맛을 살핀 후 간을 더하자.

## 팬에 굽기

팬에 재료를 구울 때는 먼저 빈 팬만 중약불에 예열한다. 팬이 어느 정도 데워지면 오일을 넣는다. 불은 계속 중약불을 유지한다. 오일이 데워지면 재료를 넣는다. 껍질과 속 단면 중에 껍질 부분을 먼저 굽는다. 미리 소금 간을 하지 않았다면 재료를 넣기 전 오일이 데워진 팬에 소금을 미리 뿌린다. 와인을 넣어 알코올을 날리거나 센 불에 한번 끓여 졸이는 일부 과정을 제외하고는 모든 팬 요리는 강불보다 중불에서 해야 더 쉽게 요리할 수 있다. 나는 코팅 된 팬을 쓰지 않는데 스테인리스 팬이나 무쇠 팬은 중약불 예열과 중약불 조리만 지키면 재료가 눌어붙지 않으며 환경호르몬 걱정도 없다.

## 오븐에 굽기

오븐에 채소를 구우면 조리시간 동안 다른 준비를 할 수 있다는 장점이 있고 오븐 팬을 그대로 식탁에 올려 파티 분위기를 낼 수 있다. 단단한 정도에 따라 크기와 두께를 조절해서 채소를 썰고 큰 볼에 담아 소금, 후추, 오일을 넣어 고루 섞어준다. 입맛에 따라 타임 잎, 훈제 파프리카 가루, 카옌페퍼, 치폴레 가루 등을 넣어도 좋다. 잘 섞은 채소를 오븐 팬에 넓게 펴서 200~210도 온도로 굽는다. 온도나 오븐에 따라 차이가 있으니 20~25분 정도 조리시간을 맞춘 후 상태를 살펴서 결정하면 된다. 나는 조리 시간이 마지막 3분 정도 남았을 때 견과류를 한 줌 채소 위에 뿌려 마저 굽는다. 구운 채소와 고소한 견과의 향이 잘 어울린다. 포도나 블루베리, 크랜베리 말린 것이 있다면 코코넛 밀크와 물을 1:1로 섞어 한 줌 미리 불린다. 채소가 다 구워지면 식탁에 내기 직전에 적당히 불어 부드러워진 건과일을 뿌려 내기도 한다. 고소한 코코넛 풍미와 말린 과일의 달콤함이 더해져서 채소구이에 맛을 더해준다. 코코넛 밀크에 불린 건과일은 아이들이 좋아한다.

## 채소 마리나드

튀긴 재료를 새콤한 마리나드에 절여 냉장보관 후 먹는 스페인의 에스카베체 *Escabeche* 요리를 응용한 방법인데 보관성이 좋기 때문에 넉넉하게 만들어 냉장보관 후 여름철 식사로 먹기에 좋다. 기본 재료로는 마늘, 양파, 당근, 애호박, 여러 색의 피망, 토마토 등이 있고 브로콜리나 비트, 순무, 래디시, 콜라비 등 여러 재료로 활용할 수 있다. 바닥이 두꺼운 넓은 냄비에 오일을 넣고 약불에 다진 마늘과 잘게 썬 양파를 볶는다. 마늘이 타지 않도록 주의한다. 마늘과 양파 향이 진하게 올라오면 가늘게 채 썬 채소를 더해 볶는다. 중간 세기 정도의 불에서 채소를 볶다가 채소에 어느 정도 오일 향이 입혀지면 화이트 와인 식초와 화이트 와인을 넣어 자작하게 졸인다. 와인을 넣은 직후에는 센 불로 한번 끓여 알코올을 날리고 다시 불을 줄인다. 소금과 후추로 간하고 실온에서 식힌 후 냉장 보관한다. 실온에서 식히면서 맛이 드는 시간을 주면 마리나드는 더욱 맛있어지기 때문에 조리 후 바로 냉장 보관하지 않는다. 마리나드는 냉장고에서 하룻밤 지나면 맛이 더 좋아진다. 구운 두부나 템페를 준비해서 뜨거운 마리나드를 부어 함께 섞은 후 냉장보관 후 다음 날 먹어도 좋다. 여름철에 시원한 화이트 와인 한 잔과 곁들여 내기에 좋은 요리다. 화이트 와인 식초가 없다면 향이 좋은 식초를 대신해도 된다. 식초와 화이트 와인의 비율은 1:1.5 정도가 좋은데 입맛에 맞게 조절하자. 식초가 100ml 라면 와인은 150ml 정도 사용한다. 프랑스 요리는 디저트를 제외하고는 설탕을 사용하지 않는데 마리나드에는 설탕을 약간 넣기도 한다. 설탕 대신 양파의 양을 늘리면 마리나드에 달콤한 감칠맛을 낼 수 있다.

## 레드 와인 채소 조림

채소 마리나드가 여름철에 시원하게 먹기 좋은 요리라면 레드와인 채소 조림은 겨울 채소를 이용해서 먹기에 좋다. 대파, 양파, 무, 다양한 버섯, 마늘, 우엉, 연근 등을 활용할 수 있다. 계절을 굳이 구분하지 않고 피망이나 토마토, 애호박 등을 활용해서 만들 수도 있다. 깊이가 있고 바닥이 두꺼운 넓은 냄비에 오일을 두르고 얇게 저민 마늘을 타지 않게 익힌다. 센 불에 볶는 것이 아니라 오일에 향을 입힌다는 느낌으로 약불에 마늘을 조리하는 것이 포인트다. 마늘향이 올라오면 채소와 버섯을 갈색이 입혀질 정도로 센 불에 함께 볶는다. 여기에 월계수 잎이나 타임, 로즈메리 등의 허브를 넣고 (없으면 생략한다.) 소금, 후추로 간하고 화이트 와인 식초를 2~3 큰 술 넣는다. 레드와인을 두 컵 정도 넣는데 와인의 양은 채소 양에 따라 조절할 수 있다. 나는 4인 기준 중간 크기의 냄비로 요리할 때 보통 레드와인 두 컵을 넣는다. 토마토를 넣는다면 와인과 함께 이 단계에서 넣으면 된다. 센 불로 한번 끓여 와인의 알코올을 날리고 불을 약하게 낮춘 후 뚜껑을 덮고 20분 정도 뭉근하게 끓인다. 알코올을 센 불에서 꼭 날려야 한다. 소금 후추로 마무리 간을 보고 불에서 내린 후 올리브 오일을 약간 더해준다. 좀 더 새콤한 맛이 좋으면 마무리 단계에서 화이트 와인 식초를 약간 더 넣고 와인 맛이 강하게 느껴진다면 설탕을 넣기도 한다. 사용하는 와인에 따라 소스 맛에 차이가 날 수 있으니 입맛에 따라 조절하면 된다. 처빌이나 이탈리안 파슬리가 있다면 그릇에 담을 때 생으로 얹어 낸다. 뜨거운 상태에서 빵과 함께 먹어도 되고 냉장보관 후 차갑게 식혀 다음날 먹어도 좋다. 익힌 파스타와 먹어도 잘 어울린다. 와인에 졸인 채소 조림은 냉장고나 실온에서 맛이 들도록 하루 이틀 두었다가 먹으면 더 맛있다. 우엉은 깨끗하게 솔로 씻어 껍질째 사용하면 깊

은 흙 향이 레드 와인과 잘 어울리고 채소를 볶을 때는 단단한 정도를 생각해서 순서를 맞춰 넣으면 된다.

### 고수씨 *Coriander seed*

프랑스 요리에서는 레드 와인 조림에 코리앤더라고 불리는 고수 씨를 통으로 으깨어 함께 넣는데 없다면 생략해도 된다. 고수씨는 가루 형태를 구입해도 되고 씨를 사서 그때그때 으깨어 써도 된다. 태국 요리에도 잘 어울리는 고수씨는 빻을 때 향이 좋아서 자주 쓰고 싶어지는 향신료다. 아이허브에서 넉넉한 양으로 구입한다.

### 허브

나는 요리에 원칙을 따르며 까다롭게 하는 편은 아니지만 반드시 지키는 몇 가지가 있다. 그중에 하나는 허브에 관한 것이다. 월계수 잎을 제외하고는 건조 허브를 사용하지 않는다. 말린 바질, 말린 파슬리 등의 허브는 본래의 향을 전혀 가지고 있지 않다. 실제로 요리에 사용했을 때 그 허브가 가진 풍미를 전혀 느낄 수 없고 잘게 부서진 입자 때문에 요리가 지저분해 보이기 쉽다. '채소생활' 농부님께 계절마다 다채로운 허브를 구입한다. 저마다 독특한 향과 맛의 개성이 강한 허브는 훌륭한 영양소들을 다양하게 먹을 수 있는 좋은 재료다. 생허브를 요리에 즐겨 사용해보자. 요리가 더 풍성해진다.

**허브 살사**

허브 이야기가 나온 김에 생허브를 활용해서 간단하게 만드는 살사를 소개한다. 이탈리안 파슬리, 바질, 고수, 처빌 중 한 가지를 골라 곱게 다진 후 올리브 오일, 다진 마늘 약간, 소금과 섞어 완성한다. 허브 살사는 단독으로 생 토마토나 구운 두부, 템페에 아주 훌륭하게 어울린다. 케이퍼를 좋아한다면 허브 살사에 케이퍼를 약간 다져 넣어도 좋다. 만들어 둔 살사에 좋아하는 식초나 레몬즙, 후추를 섞어서 샐러드드레싱으로 활용할 수도 있다. 우리 집 냉장고에는 늘 허브를 담아두는 큼직한 용기가 있다. 약간의 물을 넣어 허브를 보관하면 일주일 이상 신선하게 사용할 수 있다. 냉장고 공간에 여유가 있고 뚜껑이 있는 긴 용기가 있다면 물을 얕게 채워 세워서 뚜껑을 덮어 보관하면 더 오랫동안 보관할 수 있다. 아스파라거스도 화병 같은 용기에 물을 얕게 채워 냉장 보관하면 신선도가 오랫동안 유지된다.

# 재료, 도구, 조리법이 단순할수록 우리의 식사는 풍성해졌다.

르네상스의 거장이자 천재라 불리는 '레오나르도 다빈치'가 육식을 하지 않았다는 것은 그의 세계적인 명성에 비해 덜 알려진 사실이다. 채식에 대한 인식조차 없었을 중세 시대에 천재는 왜 고기를 먹지 않았을까? 이 물음의 답은 전기 작가인 월터 아이작슨 *Walter Isaacson*이 쓴 책 <레오나르도 다빈치>에서 구할 수 있었다. 다빈치는 채식 식단을 '소박한 음식'이라 했고 그런 음식을 먹을 것을 촉구했다. 다빈치의 말처럼 그것만으로 만족할 수 없다면 제철의 채소와 곡식으로 무한한 조합의 음식을 만들 수 있다.

이 책의 많은 부분은 거장의 이런 명언을 마음에 새기며 쓰게 되었다. 식사는 단순하고 소박할수록 좋았다. 우리의 건강뿐 아니라 지구환경과 생물 다양성, 기후 위기에도 좋은 선택이었다. 지금의 식사에서 곡식과 채소, 제철 과일의 비중을 늘린다면 좋을 것이다. 공장 축산 육류와 그 가공품, 양식 어류나 크기가 큰 어류를 피하고 설탕과 고도 가공식품, 오메가-6 비율이 높은 기름, 글루텐이 과한 밀가루 음식을 가능한 피하는 것, 환경과 상황에 따라 필요하다면 동물성 단백질 섭취량은 신중하게 접근하는 지혜가 필요하다.

흔히들 인간은 잡식이라고 한다. 인간의 치아 구조와 소화기관은 초식동물에 가깝지만 그렇다고 인간이 채식동물로만 진화해 온 것은 아니다. 인류는 긴 역사 동안 기근에 시달렸을 것이다. 기후나 환경이 적합하지 않아서 곡식과 열매를 채집하기 어려웠을 때, 인류를 생존케 한 것은 동물을 먹는 것이었다. 그때와 달리 지금의 인류는 고기를 더 많이 먹기 위해 지구 역사상 없던 공장식 축산을 만들었다. <사피엔스>로 우리에게 잘 알려진 작가 유발 하라리 *Yuval Noah Harari*는 2015년 가디언지에 "공장식 축산은 인류 역사상 최

악의 범죄 중 하나"라고 말했다. 우리는 매일 고기와 유제품을 넘치게 먹고 버린다. 공장식 밀집사육으로 우리나라에서만 한해 10억 마리의 동물이 죽고 먹힌다. 지구 전체 인구가 현재 77억이라고 하는데 대한민국에서만도 얼마나 많은 수의 동물을 공장 사육으로 키우고 먹는지 짐작조차 어렵다. 이로 인한 가축 분뇨의 토양, 하천 오염 때문에 되돌리기 어려울 정도로 우리 국토는 죽음의 땅과 하천이 되었다.

채식은 그 어떤 것에도 고통과 해를 끼치지 않는 절대선이 아니다. 타자와 환경에 최소한의 해를 주고, 고통을 줄이고자 하는 '최소한의 상대적 선택'이다. 이 책은 타자의 시선을 우리 안에 더 많이 담는 마음으로 시작되었다. 책을 쓰는 동안 영국의 철학자 버트런드 러셀 Bertrand Russell의 말을 새기며 위로와 힘을 얻기도 했다. 그는 스스로를 나아가게 하는 동기가 사랑에 대한 갈망, 지식을 탐구하고자 하는 욕구, 인류에게 느끼는 참을 수 없는 연민이라고 했다. 여기에 우리는 인류가 겪는 고통뿐 아니라, 고통과 두려움을 느끼고, 생존을 희망하는 생명에 대한 연민을 더하고 싶다. 우리가 지구에서 지배자가 아닌 공존하는 존재로 살아갈 수 있을 때, 사람뿐 아니라 지구에서 함께 살아가는 종 전체와 바다, 산이 함께 살 수 있을 것이다. 이런 따뜻한 희망과 사랑을 품고 책을 쓰는 동안 위안을 얻고 열정을 이어갈 수 있었다.

# 따뜻한 한 그릇, 맑은 채소 국

지난 4년간 현미밥과 여러 채소로 가족의 식사를 꾸렸다. 기본 식단이 있으면 메뉴를 고민하지 않아도 되고 식사 준비가 간결해진다. 현미밥과 채소를 배불리 먹는 것은 식사에 만족도를 높이고 포만감도 채워주었다. 무엇보다 영양적으로도 훌륭했다. 우리 조상들이 밥과 채소를 먹으며 고된 농사일을 할 수 있었던 것으로 현미밥과 채소의 영양 가치를 설명해준다. 4년간의 경험에 의하면 현미밥과 채소는 매일 먹어도 질리지 않고, 준비도 간소하며 경제적이다. 밥과 잎 채소를 먹는 기본 식단에 따뜻한 국물이 생각나면 채소 국을 끓인다. 끓이는 과정이 간단해서 요리랄 것이 없지만 행복한 한 그릇이 될 것이다. 가족들과 모여 이야기를 나누며 뜨끈한 채소 국을 먹는 식탁은 생각만 해도 마음이 풍요로워진다.

채소 국에는 자투리 채소를 사용하면 좋다. 무와 당근, 양파뿐 아니라 연근이나 우엉, 버섯류, 배추, 감자 등을 넣어 끓일 수 있다. 여러 가지를 함께 넣어도 좋고 한두 가지만 넉넉하게 넣어도 좋다. 맛을 내는 간은 많은 것이 필요치 않다. 채소만으로도 맛이 좋다. 다시마로 기본 국물을 끓이고 간장이나 된장을 연하게 풀어 간한다. 시판 조미료나 육류를 끓인 물, 말린 새우나 멸치 없이 채소와 다시마, 간장만으로 국이 얼마나 개운하고 맛있는지 꼭 먹어보기를 권한다.

따뜻한 밥과 국을 먹을 수 있다면 그것만으로 행복하다. 쌈장이 없더라도 부추와 마늘, 김을 함께 싸서 먹으면 각각의 맛이 조화롭게 어우러진다. 마늘과 부추를 먹으면 잠이 잘 오지 않을지도 모른다. 부추에는 아무래도 기력을 솟게 하는 뭔가가 있는 것 같다. 일단 먹어보면 알 수 있다. 채윤

## 부추

채윤은 부추를 먹으면 잠이 잘 오지 않는다고 한다. 나는 부추가 몸을 따뜻하게 해 준다고 해서 생으로 즐겨 먹는다. 실부추 혹은 영양부추라고도 불리는 잎이 가는 부추는 적당한 길이로 잘라 샐러드에 넣으면 조형미가 어우러져 샐러드에 다채로운 생기를 준다. 얇고 맛이 강하지 않기 때문에 생으로 다양하게 먹어보기를 권한다.

**송광일 농부님의 자연재배**
*http://www.singgrown.com*
*010.3007.8658*

홈페이지나 전화로 주문할 수 있다. 꾸러미 채소 이외에도 계절별로 채소를 추가 구입할 수 있다. 송광일 선생님의 쌈채소 덕분에 매일 쌈밥을 맛있게 먹을 수 있다. 농부님의 브로콜리는 주문이 가능할 때 늘 먹고 싶은 1순위다. 크고 통통한 시중의 브로콜리가 아니라 작고 길쭉한 브로콜리에 가깝다. '브로콜리니'라는 이름으로 백화점 식품 코너에서 비싸게 팔리기도 하는데 농부님에게서 착한 가격에 얻을 수 있다. 줄기가 맛있고 시중에서 구하기 힘들어서 농부 직거래의 기쁨을 느낄 수 있다. '브뤼셀 스프라우트'라고 불리는 미니 양배추는 시중에서 수입품으로만 구입이 가능한데 농부님을 통해 받아볼 수 있었다. 생으로도 먹고 볶아서도 먹으며 일상의 잔잔한 기쁨을 누렸다. 귀한 미니 양배추를 받아서 기쁘다고 첫 주문 후 메시지를 드렸는데, 다음에 보내주신 꾸러미에 미니 양배추가 가득 들어 있었다. 자연재배 채소와 과일은 오랫동안 먹어보고 이용할수록 그 가치를 알

게 된다. 지난겨울 레드향을 받았는데 수확 직후라 신맛이
강해서 2주 정도 지나서야 달콤하게 먹을 수 있었다. 그 2주
동안 실온에 있던 레드향은 다른 유기농 귤과 비교할 수 없
을 정도로 신선한 상태가 유지되었다. 땅의 힘으로만 꽉 차
게 자란 데다가 화학적인 후숙 과정이 없는 감귤류는 실온
에서도 쉽게 물러지지 않는다.

제철 과일 한 가지와 쌈 채소로 구성된 송광일 농부님의 자연재배 꾸러미. 과일은 계절에 따라 구
성에서 빠지기도 한다. 늦여름부터 10월까지 자연재배 청포도를 받아보기도 했고 겨울에는 한라
봉을 주시기도 했다. 꾸러미 채소 덕분에 풍성한 식탁을 차릴 수 있다. 채소의 맛과 향이 진해서
별다른 찬이 필요치 않다.

**세뚜리 꾸러미**
**충남 홍성**

*010.3740.7698*
*017.273.8443*

웹사이트 '충남 로컬푸드 협동조합'에서 구입할 수 있다. 선납 없이 1회씩 주문이 가능하다. 육류와 가공품이 함께 포함되기도 하는데 원하지 않을 경우 주문 전에 미리 요청해야 한다. 3만 원 내외의 1회 금액에 8~9가지의 제철 채소를 받아볼 수 있다. 첫 주문이 7월이었는데 유기농 개구리참외 두 알과 호박, 옥수수, 감자, 깻잎, 쌈 채소, 방울토마토를 받았다. 채소에 대한 친절한 설명이 담긴 편지도 들어 있었다. '충남 로컬푸드 협동조합'에서는 꾸러미 채소 이외 개별 채소들과 과일, 곡물을 구입할 수도 있다. 지난 설날 시즌에는 현미 떡국을 예약 주문받는다는 메시지가 와서 감사하게도 유기농 현미 떡을 주문할 수 있었다. 겨울에는 양배추와 무 등도 주문할 수 있어서 필요한 채소들을 단품으로 종종 이용하고 있다.

**농부시장 마르쉐**
*www.marcheat.net*

매달 정해진 요일과 장소에 전국의 농부님들이 모인다. 제철 채소를 눈으로 보고 직접 구입할 수 있는 시장이다. 다양한 먹거리가 있는 장터라서 느긋하게 장을 보고 점심을 먹고 올 수도 있다. 서울의 혜화동 마로니에 공원, 합정, 성수 등에서 운영된다. 이런 형태의 농부시장이 전국으로 활발하게 확산되면 좋겠다. 인스타그램 @marchefriends 계정에서 시장이 언제 어디서 열리는지 일정을 확인할 수 있고 출점 농부님 정보도 얻을 수 있다.

# 현미밥 친구들

어떻게 하면 최소한의 준비로 맛과 영양을 채우는 식사를 할 수 있을까? 우리가 늘 생각하는 질문이다. 쌀을 먹는 한국인들에게 밥은 하얀 쌀밥으로 인식된다. 국과 찬을 먹기 위한 주식이다. 찬을 준비하고 국을 끓이는 식사 준비를 생략하고 밥만으로도 맛있게 먹을 수 있을까 궁리했다. 해답은 밥을 지을 때 좋아하는 채소를 함께 넣는 것이다. 채소밥을 먹으니 식사에 변화를 줄 수 있으면서도 식사 준비가 간소했다. 호호 불어가며 밥과 어우러진 더운 채소를 먹는다. 국물이 없어도 속이 따뜻했다. 소중한 사람들이 맞은편에서 함께 먹는다면 마음은 더 따뜻해질 것이다.

봄철에는 다양한 나물을 골라 밥을 지을 수 있다. 방풍나물밥을 먹어보고 향이 좋아서 놀라기도 했었다. 방풍을 넉넉하게 넣어 밥을 짓고 뜨거운 상태에서 약간의 소금을 뿌리고 들기름을 더해서 먹으면 입안은 봄의 놀이동산 같다. 한번에 한 가지의 나물만 넉넉하게 넣어야 향과 맛이 좋다. 계절마다 다른 채소를 활용하면 좋겠다. 겨울에는 무, 연근, 우엉 등 뿌리채소가 좋다. 버섯이나 양파, 마늘을 넣어 밥을 짓기도 한다. 밤을 넣어 먹는 밥은 별미다. 호두를 갈아 밥을 하고 간장을 더해 먹는 것도 아이들이 좋아한다. 감자와 버섯을 넣어 지은 밥을 채소와 생김에 싸서 쌈장을 얹어 먹거나 콩나물밥에 달래 비빔장을 곁들이기도 한다. 채소밥에 김치나 찬을 함께 먹어도 좋지만 채소밥만으로도 식사가 완성된다. 간을 더해 먹고 싶다면 간장에 짜지 않게 물과 레몬즙을 섞어도 좋다. 고추장, 된장을 넣고 비벼 먹을 수도 있다. 콩나물을 넣어 지은 밥에는 다진 부추나 달래, 간장을 섞어 비벼 먹기도 한다. 부추, 깻잎, 달래 등 향이 진한 채소를 다져 간장과 섞는다. 물을 더해 간을 맞추고, 취향에 따라 고춧가루나 들기름을 더해도 좋다. 콩나물밥은 양념장 없이

김치만 넣어 비벼 먹어도 맛있다. 열무김치가 있다면 총총 썰어 얹고 조청 한 순갈 더해서 비벼 먹자. 나물의 향과 열무 김치, 섬세하게 느껴지는 달콤함이 밥도둑이 된다.

## 현미

밥을 주식으로 하는 한국인에게 현미와 백미는 논쟁의 대상인 것 같다. 누군가는 현미가 좋다하고 누군가는 백미가 좋다고 한다. 사람마다 소화력이 다르고 몸 상태가 다르듯이 누군가에게는 현미가 이롭고 누군가에게는 백미가 잘 맞을 수도 있겠다. 오분도미, 칠분도미도 있으니 취향에 맞게, 건강과 소화력에 맞게 선택하면 좋을 것 같다. 특히나 아이들과 어르신들은 현미를 소화하기 힘들 수도 있다. 아이들은 제대로 씹지 않고 삼켜 버리기 때문에 각별한 주의가 필요하다. 백미, 현미, 잡곡의 선택을 놓고 고민하기 보다 열린 마음으로 시도해보면 좋겠다. 현미밥을 지을 때는 물에 충분히 불리고 압력솥 조리를 권장한다.

**이철규 농부님의
자연재배 현미**
경북 의성

현대적인 포장 없이 전통 가마니에 담긴 쌀을 받아볼 수 있었다. 자연재배에 처음 눈뜨게 해 준 농부님이다.

**전종수 농부님의
고흥 미쓰리 현미**
전남 고흥

비료와 농약, 퇴비 없이 재배한 자연재배에 가깝게 키운 쌀이다. 쌀 포장지에 현미채식 소개가 인상적이다.

**이영문 농부님의
자연재배 태평쌀**
경남 하동
*010.3567.8082*

이영문 선생님은 태평농법을 창안하고 보급하신 분으로 이웃 논밭에서 농약이 바람에 날아오는 것조차 싫어서 남해안의 작은 섬에서 농사와 자연재배 연구를 하신다. 친환경 에너지와 친환경 기계, 식물자원 등 연구분야가 넓은 분이라 농부님이라고 일컫기에도 부족한 것 같다. 네 권의 책을 내셨고 벼의 모종을 심지 않고 볍씨를 뿌리는 직파농법으로 쌀을 재배하신다. 쌀이 담겨오는 주머니는 냉장고에서 버섯을 보관할 때 물이 생기지 않으면서 신선하게 보관할 수 있고 감자나 당근, 무 등을 보관할 때도 좋다.

# 겸손한 한 그릇, 비빔밥

영국 런던 중심가에서 비빔밥은 건강하고 인기 있는 음식이다. 우리도 시내에 나가면 자주 들렸는데 비빔밥 식당에는 손님들이 가득했다. 채식으로 먹기에 이보다 좋은 식사가 있을까? 비빔밥의 본고장인 우리의 문화가 새삼 뿌듯하다. 밥이 부족해서 좀 더 달라고 했더니 2인분을 더 준다. 인심도 함께 가져온 것 같아서 기뻤다. 채윤

비빔밥은 간단하면서 푸짐한 식사다. 자투리 채소들로 비빔밥을 즐겨 먹는다. 김, 깻잎, 생마늘 등을 넣으면 풍미가 좋아서 비빔밥에 필수라는 참기름이나 들기름도 필요치 않다. 비빔장은 고추장, 된장, 간장 중 자유롭게 선택한다. 고추장이나 된장에 매실청을 넣어 소스를 만들어도 좋다. 당근이나 양배추, 애호박, 양파, 오이 등을 잘게 써는 과정이 번거롭다면 양배추 슬라이서를 이용해보자. 착한 가격에 활용도가 좋은 도구다.

어른들이 비빔밥을 먹는 날, 아이들에게는 스스로 비비고 주먹밥을 만들 수 있게 준비해주면 좋다. 밥과 김, 한두 가지의 잘게 썬 채소, 약간의 간을 더해서 큰 그릇에 담아주자. 재료를 직접 섞고, 주먹밥을 만들면 아이들은 그것만으로도 더 맛있게 느낀다. 익히지 않은 템페를 작게 자르고 김치와 함께 내주면 딸아이는 템페와 김치를 각각 넣어 두 가지 주먹밥을 만들곤 한다. 독일건강협회는 매일 다섯 접시 정도의 채소와 과일을 먹고 그중 일부는 생으로 먹으라고 권한다. 비빔밥은 생채소를 넉넉히 먹을 수 있는 좋은 식사다. 밥 대신 삶은 현미 국수나 생다시마 면을 넣으면 비빔국수가 된다. 다시마나 미역 면은 요즘 인터넷에서도 쉽게 구입할 수 있다. 곡물 면 대신 해조류 면과 채소를 조합하고 들깻가루나 들기름을 넉넉하게 넣어 먹으면 케토 식사가 된다. 요리는 이처럼 무궁무진한 조합의 재미가 있다.

안동제비원
최명희 장인의 찹쌀고추장
경북 안동

제대로 만든 좋은 고추장에는 밀가루가 들어가지 않는다. 가까운 친환경 식품매장이나 조합원 매장, 지역 농부님들로부터 국내산 고추로 만든 좋은 고추장을 살 수 있다.

# 여름 오후에 먹는 토마토 국수

하와이 파머스 마켓에서 처음 맛본 토마토 국수다. 아침 수영을 하고 돌아와 시원한 팬 바람을 맞으며 토마토 국수를 즐겨 먹었다. 더울 때도, 추운 날에도 따끈하고 상큼한 국물이 몸과 마음을 채워준다. 토마토의 감칠맛으로 완성하는 국수는 깔끔한 맛이 매력이다. 쌀국수는 주로 젓갈이나 MSG, 소나 돼지의 뼈 등으로 국물을 만들지만 좋은 간장과 토마토만 있어도 충분하다. 먹기 직전에 레몬을 짜서 먹자. 따뜻한 국물, 찰랑찰랑한 탄력의 국수, 토마토와 레몬의 감칠맛. 이 정도면 호로록호로록 기분 좋게 넘어간다. 우리가 떠올리는 하와이 해변의 여유로운 햇살도 함께 전하고 싶다. 뜨겁고 느린 해변을 떠올리며 토마토 국수로 마음 광합성을 해본다.

1. 넉넉한 크기의 냄비에 큰 다시마 한 장과 토마토를 넣고 끓인다. 토마토는 1인분 기준 2개 정도 준비한다. 큼직하게 4등분 하여 함께 넣는다. 쌀국수는 국물이 충분해야 맛있다. 물을 넉넉하게 끓이자.

2. 쌀국수를 별도의 뜨거운 물에 미리 담근다. 주로 1mm 면을 사용한다. 뜨거운 물에 미리 담그면 전분이 빠져서 깔끔한 국수를 먹을 수 있다. 이 과정을 생략해도 좋지만 탄력 있는 식감을 좋아한다면 추천하는 방법이다. 건국수를 국물에 바로 넣으면 전분이 우러나와 걸쭉한 국수가 된다. 냄비 두 개를 기꺼이 설거지해도 된다면 국수를 미리 끓여 찬물에 담그는 것이 가장 탄력 있는 국수를 먹는 방법이다.

3. 국수에 넣을 채소를 선택하자. 대파, 브로콜리, 버섯, 양배추 등 좋아하는 채소를 준비하되 한두 가지면 충분하다. 국수에 재료가 많이 들어가면 깔끔하게 후루룩 먹는 맛이 사라진다. 브로콜리를 넣는다면 뜨거운 물에 국수를 담글 때 함께 담가 두면 따로 익히지 않고도 적당한 식감으로 먹을 수 있다. 캔에 담긴 홀토마토 주스가 남았다면 국수에 넣기도 한다. 설탕과 첨가물 없는 홀 토마토 캔 제품이라면 주스는 수프나 태국식 국수에도 다양하게 활용할 수 있다.

4. 국물이 끓으면 다시마를 건져 낸 후 간장으로 간을 한다. 간이 맞춰지면 더하고 싶은 채소들을 넣고 쌀국수를 넣는다. 국수가 이미 익은 상태라 오래 끓이지 않아도 되니 국수 식감을 살펴보고 바로 불에서 내리자. 레몬즙을 뿌려 먹는다. 그릇 당 레몬 1/4 조각이나 반 조각 정도의 즙을 넣자.

## 간장

잘 만든 간장 한 병은, 몇 해 동안 양이 줄지 않는데도 버리지 못하는 여러 양념을 주방에서 퇴출시킬 수 있다. 감칠맛을 내는 음식을 만들기 위해 젓갈을 사용하는 경우가 많은데, 좋은 간장으로 대신할 수 있다. 김치를 만들 때도 간장을 더하면 감칠맛이 난다. 밀가루가 들어간 간장이 많은데 전통 방식으로 밀가루 없이 콩과 소금으로만 만든 간장을 선택하자. '가을향기 유기농 간장', '기순도 전통 간장', '맥꾸룸 맥 국간장' 등은 시중에서 쉽게 구입할 수 있다. 그 외 지역 농부님들과 친환경 식품매장에서 좋은 간장을 구입할 수 있다.

농부님께 채소 잘 먹고 있다는 인사도 종종 드린다.
'채소생활' 농부님께 받았던 타이바질은
쌀국수의 향과 맛을 더해주었다.

MMS
오후 7:18

보내주신 바질로 타코랩도 먹고 쌀국수에 넣어서도 먹었어요. 쌀국수에 넣은 바질은 미국에서 아시안식당들이 쓰는 바질로 보내주셔서 시중에서 구하기 어려웠는데 잘 먹었습니다. 언제나 저도 감사드려요.

우와 너무 맛있을 거 같아요! 제가 기르기만 하고 늘 설명이 부족한데 이렇게 써주시니 정말 감사합니다! 타이바질은 제 욕심으로 길러서 넘쳐나는데 다음 박스에도 허브도 이것저것 챙겨보낼게요! 저는 시나몬바질+레몬바질+민트청+과일청+딸기꽃+루이보스 조합으로 차가운 음료를 즐겨먹습니다! 딸기꽃+루이보스는 로네펠트 윈터드림과 비슷한 아이의 차를 구해서 우려낸다음 작년 복숭아+레몬버베나 청과 민트가 많아서 만들어둔 민트청이랑 농장에 넘쳐나는 시나몬바질과 레몬바질을 넣어본 것이었어요!

MMS
오후 7:22

# 위로를 더하는 온기, 쌀국수

재료가 다양하게 갖추어지면 좋지만 재료가 많지 않아도 맛있게 만들 수 있는 음식이 쌀국수다. 쌀면만 있다면 언제라도 맛있게 먹을 수 있다. 쌀국수를 집에서 끓여 먹을 수 있다는 사실만으로도 요리에 자신감이 붙는다. 채윤

마음이 추운 날에는 복잡한 머릿속을 비우며 쌀국수를 끓이고, 몸이 추운 날에는 김이 오르는 냄비 곁에서 몸을 데운다. 5월에도 찬 기운이 느껴지던 암스테르담에서 집에 돌아오는 길에 장을 보고 쌀국수를 끓였다. 매일 한 솥을 끓이고 함께 앉아 호호 불어가며 먹었다. 고요한 저녁, 가족들이 함께 모여 국수를 먹으면 마음 통장에 잔고가 넉넉해진다. 더운 계절에는 재료를 줄이고 생채소를 곁들여 먹고, 추운 계절에는 여러 재료를 더해서 푸짐하게 끓인다. 쌀국수를 한 대접 먹고, 한 대접 더. 몸과 마음이 뜨거워질 때까지 먹는다. 그대의 콧잔등에 송골송골 땀이 맺혔다.

1. 채수를 넉넉하게 끓인다. 채수는 다시마, 자투리 대파, 양파, 당근, 콜라비 등을 쓸 수 있고 나물 채소를 다듬고 남은 굵은 줄기도 훌륭하다. 특히 콜라비는 채수 끓일 때 넣으면 일반 무보다 맛있다. 손가락 한마디만 한 생강을 칼로 살짝 으깨어 함께 넣자.

2. 숙주와 고수를 씻어 생으로 식탁에 준비하고, 레몬도 한 사람당 1/4조각씩 준비한다.

3. 쌀국수는 뜨거운 물에 담가 둔다. 국수가 불면서 국물을 모두 먹지 않도록 뜨거운 물에 미리 담그는 것을 추천한다. 다른 냄비에 미리 끓여 찬물에 담그는 것도 방법 이다. 케토 식사로는 해조류로 만든 면이나 곤약면을 대신하면 된다.

4. 껍질콩, 버섯, 대파, 샐러리 등 좋아하는 채소를 썰어 준비한다. 1~2가지 정도를 선택하자. 여러 종류의 버섯도 좋다.

5. 채수가 끓으면 자투리 채소들을 건져낸다. 작은 생강 조각을 찾아서 꼭 건지자. 간장으로 간을 한다.

6. 썰어 둔 채소와 물에 담가 두었던 국수를 넣는다. 단단한 채소는 국수보다 먼저 넣어 익힌다. 국수 식감을 살펴서 바로 불에서 내리자.

7. 먹기 전 숙주와 레몬즙을 더한다.

## 채수용 고형 양념

식품첨가물이 없는 제품으로 선택하면 수프나 쌀국수, 커리에 풍미를 더할 수 있다. 다만 모든 요리에 고형 양념을 사용하면 재료가 달라도 매번 같은 맛이 난다. 나는 자투리 채소를 모았다가 채수로 쓰는 것을 더 좋아하지만 시간이 부족하거나 진한 감칠맛이 필요할 때 사용하기도 한다. 적절한 사용 노하우를 터득하게 되면 좋은 요리 친구가 될 수 있다. 내가 사용하는 제품은 '*Rapunzel Vegetable Bouillon with Herbs*'로 아이허브 웹사이트에서 구입한다. 허브와 소금, 마늘, 오일을 작은 조각으로 압축시킨 제품이며 냉장보관을 권한다. 부이용 혹은 큐브라고 부르는 이런 고형 국물 베이스들은 유럽이나 미국 쪽으로 여행을 하다 보면 마트에서 흔하게 볼 수 있는데 최근에는 국내에서도 여러 제품을 살 수 있다.

## 콜라비

채수를 낼 때 좋은 콜라비는 집에서도 잘 자라는 채소다. 봄철에 모종을 사다가 화분이나 텃밭에 심으면 잎이 잘 자란다. 잎은 쓴맛이 없어서 생으로 먹기에 좋고 모종을 심은 지두 달 뒤부터 콜라비를 수확할 수 있다. 여러 모종을 심으면 콜라비 잎이 1등으로 자란다. 상추나 케일보다 자라는 속도가 빠르다. 조금 무심해도 잘 크는 채소로 콜라비, 당근, 감자, 파를 추천한다.

텃밭에서 처음 얻은 콜라비 잎

## 빗소리 들으며, 현미 국수

몇 해 전, 무더위가 가시지 않은 가을의 초입에 호박과 작은 감자들로 소박한 국수를 끓였다. 사회관계망 서비스에 공유한 국수 사진을 보고 파리에 계신 좋아하는 작가님이 댓글을 주셨다. "저 맞은편에 앉아서 같이 먹고 싶네요." 그로부터 1년 후 여름, 한국에 잠깐 오신 작가님을 집으로 모셨다. 세차게 쏟아지는 빗소리를 들으며 우리는 따뜻한 현미 국수를 먹었다. 그 후, 현미 국수를 먹을 때면 그때의 기억이 떠오른다. 음식은 기억을 소환시키는 놀라운 힘이 있다. 식사는 그런 이유로도 행복해야 한다.

감자와 애호박, 현미 국수로만 끓이는 소박한 한 그릇은 누구나 쉽게 만들 수 있다. 만들기는 쉽지만 몸과 마음을 따뜻하게 하는 힘센 음식이다. 물을 끓일 때, 다시마를 넉넉하게 넣는 것만으로도 맛을 낼 수 있다. 현미 국수는 물을 많이 넣고 끓여야 국물을 넉넉히 먹을 수 있다. 물이 많으면 덜어서 국이나 찌개에 활용할 수 있지만, 물이 적으면 의도치 않게 비빔국수가 된다. 이 조리법을 읽고 처음으로 현미 국수 끓이기에 도전한다면, 현미 국수가 물을 먹어 국물이 졸아드는 모습을 보면서 모두가 당황할지도 모른다. 생각보다 현미 국수는 물을 많이 삼킨다.

"엄마, 국수가 내 국물 다 먹었어…" 맛있는 국물이 사라지면 마음이 아프다. 물을 넉넉하게 넣고 뚜껑을 열고 면을 익히자. 국수를 따로 끓이고 찬물에 담가 건졌다가 새로운 냄비에 국수를 끓이는 방법도 있지만 우리는 주로 번거로운 과정을 간단히 하기 위해 많은 물에 끓인다.

1. 찬물에 다시마 전 장 하나와 큼직하게 자른 감자를 넣고 끓인다.

2. 물이 끓으면 다시마를 건지고 면을 넣는다.

3. 물이 뽀얗게 변하면서 걸쭉한 국물이 생기기 시작할 때 애호박을 넣는다. 다진
   마늘을 함께 넣어도 좋다. 애호박과 감자 대신 표고버섯과 쑥갓을 넣어도 잘 어울
   린다.

4. 국수 식감을 확인하고 불에서 내린 후 간장으로 간한다. 입맛에 따라 들기름을
   더해 먹는다. 같은 조리법으로 곤약면이나 해조류로 만든 면을 사용하면 케토 식사
   가 가능하다.

## 다시마

다시마는 잘게 자른 제품보다 전장으로 구입하는 것이 저렴하다. 사용 전에 씻어서 쓰면 다시마 겉의 감칠맛이 빠지게 되는데, 말리는 과정에서 먼지나 이물질이 있을 수 있으니 마른 수건이나 브러시로 털어서 사용하거나 흐르는 물에 재빨리 헹구자. 노트 크기로 한 장 정도면 4인 기준 국수나 국물요리에 감칠맛을 낼 수 있다. 자투리 채소로 채수를 만드는 경우도 있지만 대부분은 다시마로만 국물 맛을 낸다. "맛있을까?"라는 걱정이 무색하게 다시마의 존재감은 매우 크다. 자주 쓰는 재료인 만큼 생산자 직거래로 넉넉한 양을 구입한다.

## 현미 국수

밀가루를 대신해서 파스타와 국수를 먹을 수 있는 고마운 면이다. 면수가 뽀얗게 우러나오는데 면수만 따로 보관했다가 국물요리나 오버나잇 오트밀에 활용할 수 있다. 인터넷에서 구입할 수 있다. 케토 식사를 한다면 미역, 파래, 다시마, 곤약 등으로 만든 면을 활용할 수 있다.

## 버섯

버섯은 다양한 종류와 모양, 식감을 즐길 수 있는 재미있는 식재료다. 살짝 데쳐 여러 소스와 먹어도 좋고 팬에 구워 먹어도 좋다. 우리는 표고버섯을 넉넉하게 굽고 레몬즙을 뿌려 익힌 후 잘게 썬 허브를 뿌려 먹는 것을 좋아한다. 간은 소금과 후추로 한다. 팬을 중불에 달군 후 오일을 넣고 팬 바닥에 미리 소금을 뿌리고 오일이 달궈지면 버섯을 올린다. 버섯 위쪽으로 다시 한번 소금을 뿌리고 버섯이 고루 구워지면 마지막에 레몬즙을 넉넉하게 뿌리고 센 불에서 짧게 구워서 후추를 뿌려 낸다.

**정기동 농부님의
참나무 표고버섯**
경남 합천

010.3559.8427
010.3840.8427

식탁에 자주 올릴 수 있는 버섯들 중에 표고는 가격이 다소 높은 편인데 농부님 직거래로 좋은 버섯을 더 저렴하게 구입할 수 있다. 무농약 버섯은 흔하게 볼 수 있지만 유기농 버섯은 흔치 않다. 지리산 자락에서 유기농으로 재배하는 큼직하고 향이 진한 농부님의 표고버섯은 식감이 여느 버섯보다 쫄깃하고 맛있다. 국물요리에 넣기도 하고, 굽거나 볶아 먹기도 한다. 갈아서 소스로도 활용하고, 2~3일 말렸다가 쓰기도 한다.

# 말없이 비벼 당신에게, 비빔국수

아이들이 더 좋아하는 비빔국수다. 자칫 입맛이 없을 수도 있는 날 달콤한 비빔장에 비벼먹는 국수 한 그릇이면 오후가 즐거워진다. 다른 음식보다 충분히 달게, 적당히 맵게, 가족들의 기호에 맞는 비빔장을 연구하는 재미가 좋다.채윤

학창시절 친구들과 분식집에 앉아 꺄르르 웃고 쫄면을 먹었다. 그때는 서로의 한 입을 챙기는 여유가 있었는지 내가 먹기 전에 친구에게 한 입을 건네주었다. 먹기도 전에 신나서 서로를 보며 꺄르르 웃는다. 추억의 그 시간을 머릿속에 그리며 오늘은 국수를 돌돌 말아 그대에게 건넨다.

비빔국수라고 하면 떠오르는 음식은 사람들마다 비슷하다. 분식집의 쫄면이나 비빔냉면 이미지가 생각날 수도 있다. 비빔국수는 준비가 간단하고 푸짐하게 먹을 수 있는 요리다. 국수의 종류, 채소, 간에 다양하게 변화를 주면 여러 형태로 만들 수 있다. 국수를 익히는 것 외에는 불을 쓰지 않으니 더운 계절에 즐겨 먹어도 좋은 음식이다. 케토 식사로도 좋은 메뉴다. 해조류로 만든 면과 곤약면으로 풍성한 채소를 더해 비빔국수를 먹을 수 있다.

좋아하는 면을 고르고(메밀면, 쌀면, 현미면, 밀면, 곤약면, 해조류면)함께 먹을 채소를 선택한다. 마지막으로 간을 한다.
- 고추장에 식초나 매실청을 더해 쫄면 느낌으로
- 된장, 들깻가루, 물을 섞어 고소한 된장소스로
- 고춧가루와 백김치 국물, 들기름을 섞어서
- 간장, 레몬, 후추를 섞어 깔끔한 맛의 국수로도 먹을 수 있다.

비빔장은 정답이 없다. 만들고 싶은 데로 만들면 된다. 없는 정답을 찾으려 할 때, 요리가 어려워진다. 맛이 조금 마음에 안 들면 또 어떤가. 다음번에 다르게 시도해보면 된다. 요리는 그러면서 감각이 생긴다.

오이와 잎채소, 채 썬 양파, 얇게 저민 마늘, 김을 넣은 메밀국수는 유자와 고추장, 들기름을 섞어 얹었다.

오이와 깻잎을 넣고 소면을 더한 비빔국수.
간장과 고춧가루, 물로 간을 맞추고 들기름을 더해 먹는다.
깻잎의 고소한 향과 오이의 아삭한 식감이 잘 어울린다.

파스타처럼 즐기는 메밀국수.
국수를 삶고 시원한 물에 헹궈 물기를 털어 낸 후 커다란 볼에
서 간장, 식초, 소금, 후추를 더한다. 레몬즙을 더하면 풍미가 좋
아진다. 올리브 오일을 넣으면 면의 탄력이 유지된다. 비트나
당근, 래디시 등 뿌리 열매채소를 얇게 썰어 모양을 살리고 좋
아하는 허브나 채소를 손으로 뜯어 한 줌 얹어 낸다. 짭조름한
올리브나 케이퍼를 곁들여 먹어도 좋다.

레몬 간장 소스에 여러 채소를 비벼 먹는 국수

여름 채소와 허브를 더한 샐러드 국수.
익힌 후 찬물에 식힌 현미면과 허브, 토마토, 파프리카, 양파, 오이
등을 잘게 준비한다. 소금, 후추, 올리브 오일, 레몬즙을 뿌려 섞는
다. 이탈리안 파슬리, 바질, 딜, 처빌 등의 허브와 잘 어울린다.

### 양배추 슬라이서

양배추용 강판이 있으면 뿌리채소를 자를 때 모양을 살릴
수 있다. 양배추도 얇게 준비할 수 있어서 샐러드 준비에도
도움이 된다. 복잡한 기능의 도구들보다 직관적이고 단순한
기능의 도구를 추천하는데 양배추 슬라이서라는 이름으로
온라인 구입이 가능하다. 직사각형의 하얀 판에 사선으로
칼날이 달린 제품을 사용하고 있다.

# 요리하지 않는 요리

채소와 곡식, 과일이 주는 그대로의 맛은 그 자체로 훌륭한 요리다. 이 책에 요리 과정이 없는 음식은 과일 식사뿐이지만 여러 요리를 단순한 조리법으로 만들 수 있다. 식물기반 식사의 횟수가 많아질수록 기존에 우리가 알던 '요리'와 '음식'과 '식사'의 개념을 달리 생각하게 되었다. 고기, 생선, 달걀, 우유를 포함해 모든 동물유래 음식을 먹지 않는 비건들이 가장 많이 듣는 질문은 "그럼 대체 무엇을 먹어요?"이다. 그러면 우리는 이렇게 답한다. "그것 빼고 다 먹어요."

고기, 생선, 달걀, 우유를 요리에서 빼면 요리가 훨씬 쉬워진다. 스테이크를 얼마나 구워야 미디엄 레어가 되고 어떤 향신료를 써야 비린내, 누린내가 사라지는지 몰라도 된다. 채소와 곡식, 씨앗, 열매, 과일은 있는 그대로 먹을 수 있고, 냄새를 가리기 위해 인위적인 양념을 할 필요도 없다. 익히지 않고 먹어도 탈이 없다. 오히려 익히지 않고 먹을수록 영양과 맛, 향이 살아있다. 물로만 씻어서 날 것 그대로 먹을 수 있는 식재료로 요리를 했을 때, 결과적으로 최소한의 양념과 최소한의 불 사용이 가능해진다. '요리하지 않는 요리'는 이처럼 완전한 식물 기반의 식사일 때 가능해졌다. 하지만 매 끼니 채식이 아니라도 뭐 어떤가. 이렇게 저렇게 식탁에 다양한 시도를 하다 보면 몸이 좋아하는 것들을 자연스럽게 알아가게 된다.

# 축하하고 싶은 날, 감자와 샐러드

삶은 감자, 샐러드, 무알코올 샴페인, 좋아하는 그릇들로 차려낸 소박하고도 풍성한 식탁이다. 축하할 일이 있을 때, 가족들과 식당 대신 집을 선택했다. 특별한 날, 특별한 음식을 먹는다는 생각에서 벗어나, 집에서 웃고 대화하는 시간을 더 늘리는데 집중했다. 많은 준비가 필요치 않았다. 좋아하는 그릇에 담은 푸짐한 샐러드와 과일, 배를 채울 수 있는 찐 감자가 식탁에 오른다. 연인과 부부, 성인들이라면 알코올 음료를 마실 수도 있다.

사람들은 샐러드를 주 요리 옆에 곁들이는 찬 정도로 생각한다. 다이어트나 건강을 위해 먹는 요리라는 생각이 강하다. 샐러드는 풀만 먹는 음식이 아니다. 샐러드에 활용할 수 있는 채소와 재료가 얼마나 많은지 헤아릴 수 없다. 샐러드가 영양적으로 충분치 않다는 생각은 접어두자. 샐러드에 다양한 곡물류, 견과, 씨앗, 채소나 과일을 조합하여 맛있는 식사를 즐길 수 있다.

강판에 촉촉하게 간 생당근에 레몬즙을 뿌리고 건포도를 얹어 먹어보자. 당근이 두 가지 재료와 만났을 뿐인데 얼마나 맛있는지 놀라게 될 것이다. 이처럼 단순한 조합과 도전에서 새로운 맛의 즐거움과 영양을 챙길 수 있다. 다양한 조합으로 만든 샐러드가 건강에 이롭고 아이들의 뇌 발달에 좋은 것은 말할 것도 없다. 다양한 허브도 샐러드에 사용해보자. 미각은 후각으로부터 많은 영향을 받는데 허브는 풍성한 향으로 인해 미각을 돋우는데 훌륭한 작용을 한다.

포만감을 줄 수 있는 재료(삶은 콩, 두부, 아보카도, 템페, 익힌 면이나 파스타, 찐 감자나 고구마, 단호박) + 채소(잎채소, 뿌리채소, 열매채소, 허브) + 견과나 씨앗 + 드레싱을 조

합하면 식사로 충분한 샐러드가 된다. 드레싱은 오일과 산의 비율에 따라 맛이 달라진다. 오일은 올리브 오일로, 산은 다양한 식초와 머스터드를 쓸 수 있다. 오일이 3일 때, 산은 1의 비율로 드레싱을 만드는데 이 비율은 취향에 따라 조절할 수 있다. 나는 오일을 생략하고 식초와 소금, 허브만 더해서 먹는 것도 좋아한다. 사과식초, 감식초, 발사믹 식초, 레드 와인 식초, 셰리 식초, 레몬, 라임 등을 활용할 수 있다. 바질이나 타임, 민트 등 다양한 허브를 잘게 다져 드레싱에 섞어도 좋다. 단맛을 더하고 싶다면 제철 과일이나 말린 과일, 메이플 시럽이나 순수 스테비아를 넣으면 된다. 아이들이 생채소 먹기를 싫어한다면 드레싱을 조금 달콤하게 준비하는 것도 도움이 된다. 아이들도 식사에 채소를 자주 내주면 처음에는 싫어하다가도 이내 잘 먹게 된다. 채소를 싫어하는 이유는 채소가 맛이 없어서가 아니다. 상추, 오이, 당근만 생각하며 채소의 다양한 맛을 경험해보지 않고, 공장 음식과 좋지 않은 기름, 합성첨가물로 인해 가지고 태어났던 성능 좋은 미각을 빼앗겼을 뿐이다.

1. 감자를 찐다. 오븐보다는 냄비나 밥솥에 찌면 수분이 더해져서 더 보드랍다. 전기
   밥솥에 찜기능이 있다면 반 컵 정도의 물을 붓고 40분간 찌면 맛있는 감자를 먹을
   수 있다.
2. 채소를 씻어 물기를 빼고 썰어준다. 아이들을 위해서는 채소를 잘게 썰면 좋다.
3. 큰 볼에 채소를 넣고 소금을 뿌려 섞는다. 미리 소량의 소금을 넣어 채소를 마사지
   한다는 생각으로 만져두면 샐러드 맛이 더 좋아진다. 생략할 수도 있지만 맛 차이
   가 있으니 비교해보자.
4. 샐러드 소스는 먹기 전 섞는다.

### 쓴맛 나는 잎채소

치커리나 루꼴라 같은 쓴맛 나는 채소는 다진 양파와 셰리 와인 식초로 만든 드레싱이 잘 어울린다. 나는 보통 덩어리 채소들을 구웠을 때 쓴맛 나는 잎채소들은 생으로 함께 섞어 샐러드를 만든다. 구운 채소의 단맛과 잎채소의 맛을 조화롭게 즐길 수 있다. 견과류를 한줌 가득 얹어 먹으면 훌륭하다.

### 사과 드레싱

사과를 갈아서 사과식초와 엑스트라 버진 올리브 오일, 소금, 후추를 더해 간단한 사과 드레싱을 만들 수 있다. 사과 식초와 오일의 비율은 1:2 정도 기준으로 입맛에 맞추어 조절하고 사과는 식초와 오일을 합한 양만큼 넣으면 된다. 식초 50ml에 오일 100ml를 섞는다면 사과는 대략 150g~200g 정도 사용하자.

### 허브 드레싱

구운 채소에도 잎채소 샐러드에도 두루 잘 어울리는 드레싱이다. 이탈리안 파슬리, 민트, 바질을 같은 양으로 준비하고 잘게 다진다. 레몬이나 라임즙에 소금과 후추를 녹이고 엑스트라 버진 올리브 오일을 조금씩 넣으면서 잘 유화시켜 준다. 다진 허브를 마지막에 함께 섞는다. 레몬이나 라임즙이 없다면 오렌지나 감귤류의 즙을 사용해도 좋은데 새콤한 맛이 부족하다면 향이 없는 식초를 더해준다. 산과 오일의 비율은 1:3 정도 기준으로 입맛에 따라 조절하면 된다. 허브는 세 가지 조합의 맛이 꽤 잘 어울리는데 모두 준비하기가 번거롭다면 한두 가지 종류로 만들어도 훌륭하다. 나는 고수나 처빌, 타임도 단독으로 즐겨 사용한다. 허브 드레싱은 구운 아스파라거스에도 특히나 잘 어울리고 두부나 템페를

구워서 끼얹어 먹어도 좋다. 여름에 잘 익어 터지기 직전의 붉은 토마토에 듬뿍 얹어 먹어도 식사로 훌륭하고 찐 감자에는 말할 것도 없다. 구운 버섯에 곁들여 약간의 잎채소 샐러드와 먹어도 좋다. 산의 비율을 줄이거나 식초를 따로 넣지 않고 레몬이나 라임즙으로만 드레싱을 만들었다면 간단하게 빵에만 발라 먹어도 맛있다.

### 오이와 아보카도 허브 샐러드

만들기 간단하면서도 맛과 영양이 좋은 샐러드다. 허브와 레몬즙을 넉넉하게 넣어 만든다. 오이와 아보카도를 먹기 좋은 크기로 썰고 이탈리안 파슬리나 처빌, 고수 등을 잘게 썬다. 넉넉한 크기의 그릇에 오이, 아보카도, 소금, 후추, 레몬즙을 넣고 아보카도가 으깨지지 않도록 조심스럽게 섞은 후 올리브 오일과 허브를 넣고 한 번 더 가볍게 섞어 낸다. 수막이나 치폴레를 넣어도 좋다.

### 감자

하지가 지나면 감자가 한창이다. 수미감자라고 불리는 품종의 감자를 6월부터 먹을 수 있다. 큰 냄비에 찌기만 해도 허기를 달래고 고소한 단맛이 감돈다. 노지에서 유기농으로 자란 감자는 여름의 시작을 알리는 맛있는 식사다. 감자는 물에 푹 담가 소금을 넣고 끓이거나 적은 물로 밥솥이나 냄비에 찔 수 있는데 두 가지 모두 해보고 입맛에 맞는 방법으로 쪄서 즐기면 된다. 감자는 익혀서 식히면 전분이 저항성으로 바뀐다. 한번 식은 감자는 다시 데워도 저항성 전분이 유지된다고 한다. 혈당 수치나 살찌는 것이 두렵다면 감자를 식혀서 먹자.

**논밭상점 수미감자**
충남 홍성

*www.nonbaat.com*
*010.8458.6211*

철에 맞는 여러 채소와 과일, 허브를 홈페이지에서 구입할 수 있다. 미니 단호박은 무농약은 있어도 유기농으로 찾기가 쉽지 않은데 논밭상점 농부님께 구입할 수 있었다. 양배추도 맛있다.

2019년 6월 25일 수확한 햇감자. 우리는 이 감자를 '유기농 박종권 감자'라고 부릅니다. 우리 아빠, 농사 베테랑 '유기농 박종권'. 논밭에서 농사지을 때 가장 빛나는 아빠는 올해 (모두 유기농) 감자 양배추 당근 대파 마늘 비트 고구마 무 고추 등을 농사를 짓습니다. '유기농 박종권'을 만나고 싶으시다면 (논밭 한가운데 작은 상점) 논밭상점을 찾아주세요. 방긋!

우리 아빠 '유기농 박종권' 농산이 농사지은 유기농 감자를 보내드립니다.
오랫동안 신선하게 보실 수 있도록 설명을 보내니 건강히 드십시오.

크고 작은 것들 고루 넣었습니다. 퇴비화과비한 경우에 벗겨져 감자눈눈을 하지 못할 수 있으니 조심스럽게 다뤄주시기 바랍니다.

보관방법
유기농 감자는 바람이 잘 드는 서늘한 곳에 보관해주시기 바랍니다. 밝고 어두운 신문이나 보자기 같은 곳에서 이용해 바르게 놓고 겹겹이 쌓지 않는 것이 좋은 방법입니다.

**강대균 농부님의 감자**
충북 충주

일본에서 유기농 기술을 배우고 20년째 유기농업을 하신다는 농부님은 수확 시기가 다른 30여 종의 채소를 유기 재배하신다. 감자 외 쌈 채소들을 주문할 수 있다. <채소의 미래>라는 이름으로 소비자에게 직거래로 판매하신다. 유기농법은 본래 땅이 가진 자생능력을 다시 흙으로 돌리고 순환될 수 있는 농사여야 한다며 우리 농업의 현 실정이 친환경 인증이라는 그늘 아래, 인증을 위한 농사로 발전되지는 않았는지 생각해 볼 문제라고 말씀하신다.

**황호문 농부님의 수미감자**
전북 김제

**라온농장 김진민, 김지영 농
부님의 수미감자, 납작감자
충북 괴산**
*010.7413.8008*

여름을 알리는 첫 감자는 라온 농장에서 주문했다. 농부님 부부의 단단한 정성이 담긴 감자를 먹으며 우리 가족의 마음도 단단해진다. 가을이 되면 고구마를 주문할 수 있고 김장용 유기농 절임배추, 겨울에는 밤맛이 나는 토종 밤콩을 주문할 수 있다. 한번 이용한 뒤부터는 모바일로 종종 안내 메시지를 주시니 계절에 맞는 작물 주문에 도움이 된다.

**김영철 농부님의 해풍감자
강원도 고성**
*010.3374.7708*
*010.6339.7708*

여름 더위가 가신 뒤에 감자를 주문하는 곳이다. 강원도 고성의 서늘한 지역에서 생산되는 감자로 다른 곳에서 감자 주문이 끝났을 때, 초가을까지 좋은 감자를 먹을 수 있다. 김영철 농부님의 유기농 인증정보를 확인해보면 재배 품목이 다양하다. 수박과 마늘, 감자, 참깨, 아로니아, 배추 등 여러 품목이 있고 농부님께 확인 후 주문할 수 있다.

싹 틔우기부터 수확까지 정성껏
농사지은 라온농장 감자를
믿고 주문해주셔서 감사드립니다.

올해는 기존의 수미감자 외에
남작감자를 소개해드리게 되었습니다.
수미감자는 다용도로 드시고, 분이 더
많은 남작감자는 쪄서 드시거나
튀겨서 드시면 더욱 맛있습니다.

보관하실 때에는, 감자를 상자에서
꺼내어 반나절정도 말리신 뒤에
다시 상자 안에 넣으실 때
신문지를 켜켜이 펼쳐 넣어주세요.
맨 위에 사과 한 알을 함께 넣어
보관하시면 싹이 나는 것을
늦출 수 있습니다.
저희 라온농장의 맛있는 하지감자가
즐거운 여름날 기억의 일부분이
되어주기를 바래봅니다.

감사합니다.

농부 김진민. 아내 김지영 드림

119